重点行业企业挥发性有机物

现场检查要点及法律标准适用指南

生态环境部生态环境执法局
生态环境部环境工程评估中心 编

中国环境出版集团 · 北京

图书在版编目（CIP）数据

重点行业企业挥发性有机物现场检查要点及法律标准适用指南 / 生态环境部生态环境执法局，生态环境部环境工程评估中心编 . —北京：中国环境出版集团，2021.11
ISBN 978-7-5111-4920-6

Ⅰ. ①重… Ⅱ. ①生… ②生… Ⅲ. ①工业企业—挥发性有机物—检查—中国 ②环境保护法—基本知识—中国 Ⅳ. ① X513.08

中国版本图书馆 CIP 数据核字（2021）第 215305 号

出 版 人 武德凯
责任编辑 赵惠芬
责任校对 任 丽
封面设计 彭 杉

出版发行 中国环境出版集团
（100062 北京市东城区广渠门内大街 16 号）
网 址：http: //www.cesp.com.cn.
电子邮箱：bjgl@cesp.com.cn.
联系电话：010-67112765（编辑管理部）
010-67175507（第六分社）
发行热线：010-67125803，010-67113405（传真）
印 刷 北京中科印刷有限公司
经 销 各地新华书店
版 次 2021 年 11 月第 1 版
印 次 2021 年 11 月第 1 次印刷
开 本 710 × 960 1/16
印 张 7.5
字 数 120 千字
定 价 50.00 元

《重点行业企业挥发性有机物现场检查要点及法律标准适用指南》参与编写人员

主　编　曹立平　谭民强

编　委（按姓氏笔画排序）

王亚男　文黎照　付云刚　白　飞　孙新彬

李天威　吴　笛　吴金龙　沙　莎　宋　鹭

张大为　张国宁　张嘉妮　周广飞　赵晓宏

郝少阳　钱永涛　候博峰　徐　孟　徐莹莹

徐海红　黄威佳　黄皓旻　梁　慧　隆　重

董振龙

前　言
Foreword

2020 年，为打赢蓝天保卫战，加大夏季臭氧污染防治力度，切实加强对基层的指导和服务工作，落实“送政策、送技术、送方案”要求，着力提升各地挥发性有机物环境监管能力和水平，根据《中华人民共和国大气污染防治法》《2020 年挥发性有机物治理攻坚方案》和各行业污染物排放标准等法律、文件，生态环境部生态环境执法局组织生态环境部环境工程评估中心编制了《重点行业企业挥发性有机物现场检查指南（试行）》，供地方生态环境部门开展现场检查工作参考，同时，也方便相关企业对照开展整改提升工作。

根据试用反馈意见，结合现场执法实际需求，本次对《重点行业企业挥发性有机物现场检查指南（试行）》进行了全面修订，并在原有内容的基础上新增了涉挥发性有机物（VOCs）排放企业现场检查常见问题及法律适用、VOCs 排放标准适用等内容，力图简明、清晰地规范现场检查的工作方法和要求，提高检查工作的针对性和有效性，为“十四五”挥发性有机物污染防治提供技术支撑服务。

全书共分两大部分，第一部分聚焦重点行业，提出涉 VOCs 排放企业现场检查要点，其中第一章节石化行业由侯博峰、徐莹莹编写，第二章节化工行业由董振龙编写，第三章节工业涂装由张嘉妮、梁慧编写，第四章节包装印刷由郝少阳编写，第五章节储油库由付云刚、宋鹭编写，第六章节加油站由付云刚、徐莹莹编写。第二部分涉 VOCs 排放企业现场检查常见问题及法律适用，由徐海红、文黎照、张嘉妮编写。附录 1 由黄皓旻编写，附录 2 由张国宁、徐海红编写。

技术审核工作由徐海红、赵晓宏完成。

在本书的编写过程中，得到国内众多专家学者的鼓励和帮助，提出了许多宝贵意见。特别是华南理工大学叶代启教授，河北环境工程学院曹晓凡教授、王仲旭副教授，中国人民大学曹炜副教授，北京金诚同达律师事务所张倬律师对本书的编写给予了极大支持，在此表示诚挚的谢意。

由于编者水平有限，在编写过程中难免会出现疏漏和不妥之处，敬请广大读者批评指正。

作者

2021 年 4 月

目 录
Contents

第一部分

重点行业企业挥发性有机物现场检查指南

一、石化行业

（一）适用范围

适用于石油炼制工业和石油化学工业。

1. 石油炼制工业（C2511[①]）

指《国民经济行业分类》（GB/T 4754—2017）中的C2511类，包括对下列原油及石油制品的加工、制造活动。

——汽油：航空汽油、车用汽油、其他汽油；

——煤油：航空煤油、灯用煤油、其他煤油；

——柴油：轻柴油、重柴油、其他柴油；

——润滑油：全损耗系统用油、脱模油、齿轮用油、压缩机用油、内燃机用油、主轴轴承用油、导轨油、液压系统用油、金属加工油、电器绝缘油、热传导油、防锈油、汽轮机用油、防冻液、热处理用油、工艺用油、蒸汽汽缸用油、特种油、其他润滑油；

——燃料油：船用燃料油、工业用燃料油、其他燃料油；

——石脑油：轻石脑油、重石脑油；

——溶剂油：橡胶溶剂油、油漆溶剂油、抽提溶剂油、其他溶剂油；

——润滑脂：钙基润滑脂、钠基润滑脂、钙钠基润滑脂、复合钙基润

① 国民经济行业代码。

滑脂、锂基润滑脂、复合锂基润滑脂、铝基润滑脂、脲基润滑脂、烃基润滑脂、皂基润滑脂、合成润滑脂、其他润滑脂；

——润滑油基础油；

——液体石蜡；

——石油气、相关烃类气：液化石油气（打火机用丁烷气、其他液化石油气）、其他石油气和相关烃类气；

——矿物蜡及合成法制类似产品：凡士林、石蜡（精炼石蜡、食品石蜡、皂蜡、微晶石蜡、其他石蜡）、其他合成方法制类似产品；

——油类残渣：石油焦（未煅烧石油焦、已煅烧石油焦）、石油沥青（道路沥青、建筑沥青、专用沥青、其他石油沥青）、其他油类残渣；

——其他石油制品。

◆不包括：

——通过化学加工过程使固体煤炭转化成为液体燃料、化工原料和产品的活动，列入 C2523（煤制液体燃料生产）；

——以催化裂化气体产品丙烯为原料生产聚丙烯、环氧丙烷；以催化气体产品乙烯和重整产品苯为原料生产乙苯、苯乙烯；以上化学品储罐和装载设施归属于 C2614（有机化学原料制造）。

2. 石油化学工业

石油化学工业包含基本有机化学原料制造、合成有机化学品工业、合成树脂、合成纤维、合成橡胶。

有机化学原料制造：以原油、天然气、甲醇为原料，生产乙烯、丙烯、苯、甲苯、乙苯、二甲苯、丁二烯、异戊二烯等基本有机化学品的工业。

合成有机化学品工业：以基本有机化学品为原料，生产《石油化学工业污染物排放标准》（GB 31571—2015）附录 A 列出的化学品及以这些化学品为原料生产新化学品的工业。

（二）主要生产工艺及产排污环节

1. 主要生产工艺

石油炼制与石油化学工业主要生产工艺见表 1-1-1。

表 1-1-1　石油炼制与石油化学工业主要生产工艺

序号	级别	工艺	子工艺 / 设施
1	石油炼制工业	分离工艺	常压蒸馏
			减压蒸馏
			轻烃回收
2		石油转化工艺	热裂化和催化裂化
			重整
			烷基化
			聚合
			异构化
			焦化
			减粘裂化
3		石油精制工艺	加氢脱硫
			加氢精制
			化学脱硫
			酸气脱除
			脱沥青
4	石油化学工业	有机化学品	烯烃生产装置
			芳烃生产装置
			环氧乙烷 / 乙二醇生产装置
			苯酚、丙酮生产装置
			顺酐生产装置
			苯酐生产装置
			精对苯二甲酸（PTA）生产装置
			对二甲苯（PX）生产装置
			丙烯腈生产装置等

序号	级别	工艺	子工艺 / 设施
5	石油化学工业	合成树脂	聚丙烯 / 设施生产装置
			聚乙烯生产装置
			苯乙烯类热塑性弹性体（SBS）生产装置
			聚苯乙烯生产装置
6		合成纤维	己内酰胺 – 锦纶生产装置
			涤纶生产装置
7		合成橡胶	顺丁橡胶生产装置
			丁基橡胶生产装置
			丁苯橡胶生产装置
8	公用单元	原料和产品储运	储存
			调和
			装载
			卸载
9		辅助设施	锅炉
			危废焚烧炉
			废水处理
			制氢
			硫回收
			冷却塔
			脱硫系统
			脱硝系统
			油气回收系统
			泄放系统

主要原辅材料：原油、重油、石油馏分、有机化学品、液氨、新鲜水、催化剂、溶剂、添加剂、基本原料等。

主要能源：燃料煤、重油、柴油、燃料油、燃料气、石油焦、页岩油、天然气、液化石油气、电等。

典型石油炼制工业工艺见图 1-1-1，典型石油化学工业工艺见图 1-1-2。

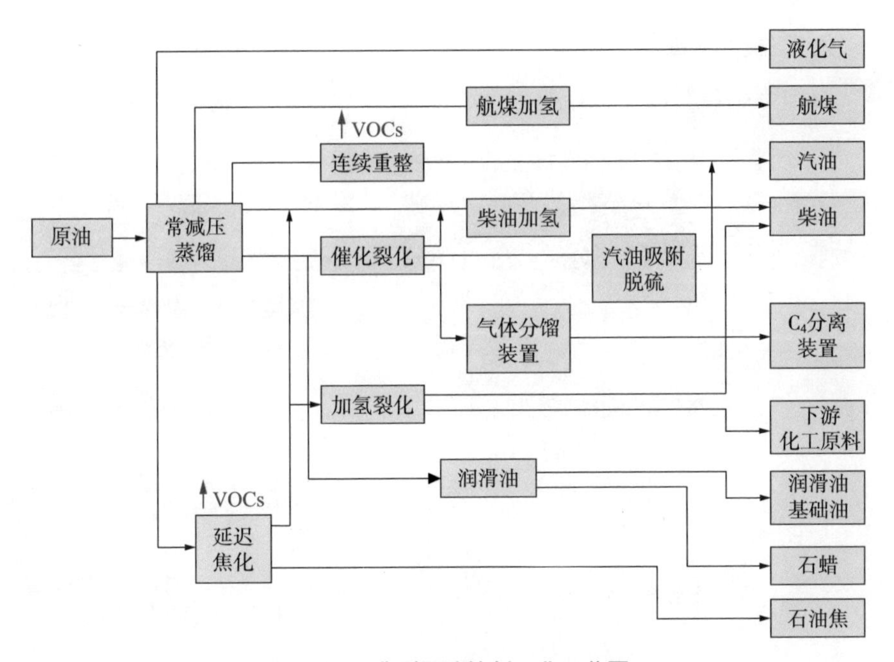

图 1-1-1　典型石油炼制工业工艺图

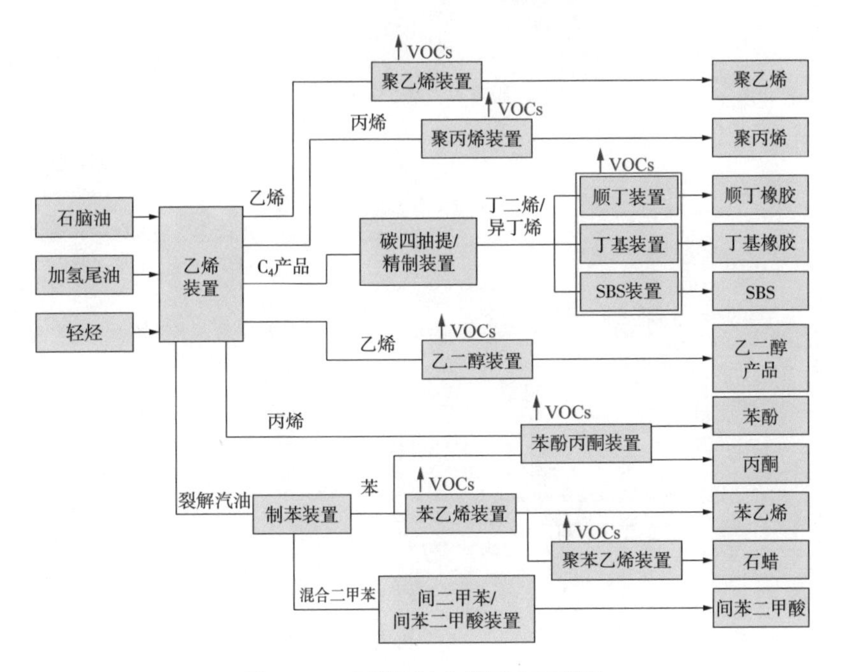

图 1-1-2　典型石油化学工业工艺图

2. 产排污环节

石油炼制与石油化工行业主要产排污节点及治理设施见表 1-1-2。

表 1-1-2　石油炼制与石油化工行业主要产排污节点及治理设施

序号	过程解析	主要产排污节点	排放形式	主要污染物	主要治理工艺 / 设施
1	工艺有组织排放	催化裂化催化剂再生烟气	有组织	颗粒物	电除尘、袋式除尘、湿式电除尘、湿法碱洗
				SO_2	干法、半干法、湿法脱硫
				NO_x	选择性催化还原（SCR）、选择性非催化还原（SNCR）
		酸性气回收		SO_2	两级、三级转化，尾气加氢回收，尾气焚烧处理
		烷基化催化剂再生烟气		VOCs	碱洗脱硫＋回收工艺
		催化裂化汽油吸附脱硫再生烟气		颗粒物	电除尘、袋式除尘、湿式电除尘
				SO_2	干法、半干法、湿法脱硫
		烯烃裂解炉烟气		颗粒物	电除尘、袋式除尘、湿式电除尘
				SO_2	干法、半干法、湿法脱硫
				NO_x	低氮燃烧、SCR
		各生产装置工艺过程产生的工艺有机废气		VOCs	热力焚烧（热力氧化）、催化氧化、蓄热氧化、蓄热式催化氧化或以氧化工艺为主的组合工艺
2	火炬排放	火炬气	有组织	VOCs	火炬气回收

序号	过程解析	主要产排污节点	排放形式	主要污染物	主要治理工艺 / 设施
3	燃烧烟气排放	工艺加热炉	有组织	颗粒物	电除尘、袋式除尘、湿式电除尘
				SO_2	干法、半干法、湿法脱硫
		燃气锅炉		NO_x	低氮燃烧、SCR、SNCR
		燃煤燃油锅炉			
4	废水收集及处理过程	废水处理有机废气	有组织	VOCs	污油池、隔油池、气浮池等高含油废水存储及预处理过程采用氧化催化燃烧工艺，生化池采用生物滴滤、生物滤床等脱臭工艺
		废水收集逸散废气	无组织	VOCs	加盖、密闭、收集、治理
5	工艺无组织排放	安全阀、调压阀的临时放空等工艺无组织废气	无组织	VOCs	—
6	冷却塔、循环冷却水系统	冷却塔、循环冷却水系统无组织逸散废气	无组织	VOCs	—
7	设备动静密封点泄漏	有机液体介质的机泵、阀门、法兰等动、静密封点泄漏排放	无组织	VOCs	泄漏检测与修复（LDAR）
8	事故排放	生产事故排放	有组织	VOCs	送至火炬燃烧
9	有机液体存储与调和挥发	有机液体储罐［固定顶罐、浮顶罐（内浮顶罐、外浮顶罐）、可变空间储罐（气柜）、压力储罐］泄漏	无组织	VOCs	固定顶罐改用高效密封的浮顶罐或安装密闭排气收集系统并安装储罐呼吸气治理设施（油气回收、氧化焚烧）

序号	过程解析	主要产排污节点	排放形式	主要污染物	主要治理工艺 / 设施
10	有机液体装卸挥发	液体有机原料及产品装 / 卸车、装 / 卸船、灌装（小包装）环节产生的排放	无组织	VOCs	卸车 / 船环节安装气相平衡系统；装车环节采用下装或密闭顶装；装车 / 船废气收集处理（油气回收、氧化焚烧）
11	采样过程	采样管线内物料置换和置换出物料的收集储存过程	无组织	VOCs	采用密闭采样器
12	非正常工况排放	开工、停工及维修气体放空造成的排放	有组织	VOCs	送至火炬燃烧

①颗粒物：主要来自锅炉、催化裂化催化剂再生烟气、催化裂化汽油吸附脱硫再生烟气的有组织排放。

② SO_2：主要来自锅炉、催化裂化催化剂再生烟气、催化裂化汽油吸附脱硫再生烟气、酸性气回收的有组织排放。

③ NO_x：主要来自锅炉、工艺加热炉、催化裂化催化剂再生烟气、烯烃裂解炉烟气的有组织排放。

④ VOCs：主要来自有机液体的存储与调和挥发、废水收集及处理过程、设备动静密封点泄漏、有机液体装卸挥发、冷却塔和循环冷却水系统等无组织排放，有组织排放占比相对较小。

（三）检查要点

现场按照源项开展检查，包括原辅料环节、涉 VOCs 无组织排放环节、涉 VOCs 有组织排放环节和台账环节，各环节主要检查内容见图 1-1-3。重点关注的内容见图 1-1-4。根据现场检查的方式，编制现场检查一览表（表 1-1-3）。

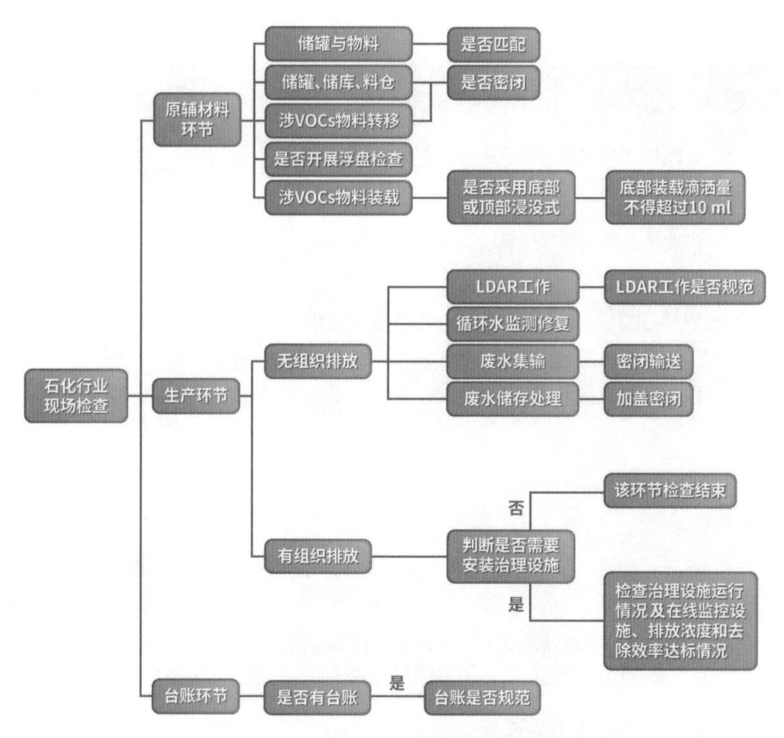

图 1-1-3　石化行业检查要点一张图

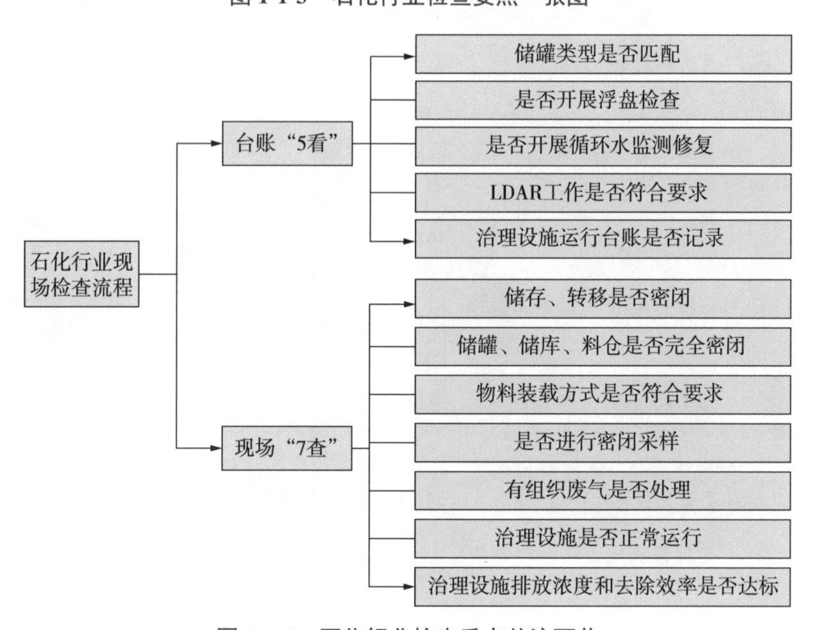

图 1-1-4　石化行业检查重点关注环节

表 1-1-3　现场检查一览表

检查环节	检查要点	检查方式	主要法律标准要求
VOCs 物料（含 VOCs 废物料）的储存与输送	储罐类型与物料是否匹配	资料检查与现场检查相结合	《中华人民共和国大气污染防治法》第四十八条
	企业是否开展浮盘检查	企业台账记录	《中华人民共和国大气污染防治法》第四十七条
	储罐、储库、料仓是否完全密闭	通过现场检查	《中华人民共和国大气污染防治法》第四十八条
	涉 VOCs 物料转移过程是否密闭	通过现场检查	《中华人民共和国大气污染防治法》第四十八条
	物料装载是否符合要求	通过现场检查	《中华人民共和国大气污染防治法》第四十八条
VOCs 无组织排放	是否开展 LDAR 工作	LDAR 台账、检测报告	《中华人民共和国大气污染防治法》第四十七条
	LDAR 工作是否符合要求（现场抽查密封点）	LDAR 检测报告、通过现场检查	《中华人民共和国大气污染防治法》第四十七条
	废水集输、储存、处理设施是否符合规定	通过现场检查	《中华人民共和国大气污染防治法》第四十八条
	循环水监测修复是否到位	企业台账记录	《中华人民共和国大气污染防治法》第四十七条
	是否进行密闭采样	通过现场检查	《中华人民共和国大气污染防治法》第四十五条
VOCs 有组织排放	有组织废气是否按照要求安装治理设施	通过现场检查	《中华人民共和国大气污染防治法》第四十五条
	治理设施与生产设施是否同步运行	通过现场检查	《中华人民共和国大气污染防治法》第四十五条
	治理设施是否正常运行	通过现场检查	《中华人民共和国大气污染防治法》第四十五条
	排放浓度及治理设施去除效率是否达标	根据监测报告、自动监测、现场检测等方式判断	《中华人民共和国大气污染防治法》第十八条
	治理设施是否安装自动监测设备并联网验收	通过现场检查	《中华人民共和国大气污染防治法》第二十四条

检查环节	检查要点	检查方式	主要法律标准要求
VOCs有组织排放	监测报告是否按照许可要求开展	通过监测报告等资料	《中华人民共和国大气污染防治法》第二十四条
台账记录	是否建立台账记录	企业台账记录	《排污许可管理条例》第二十一条
	台账记录是否规范	企业台账记录	《排污许可管理条例》第二十一条
备注：同时涉及多部法律要求，参见本书第二部分。			

1. VOCs 物料（含 VOCs 废物料）的储存与输送

（1）储罐类型与物料是否匹配（资料检查和现场检查相结合）

依据储存物料的真实蒸气压及储罐设计容积选择合适的罐型。现场可以根据企业环评、排污许可证副本及其他企业可提供的信息，按照表 1-1-4、表 1-1-5 中的原则判断“储罐类型与物料是否匹配”。

企业应使用浮顶罐储存物料。若采用固定顶罐储存，有机废气回收或处理装置需安装密闭排气系统。

储罐类型的识别见图 1-1-5 ~图 1-1-7。

表 1-1-4　物料与罐型匹配参考依据

序号	判断条件	罐型要求
1	储存真实蒸气压≥76.6 kPa 的挥发性有机液体	压力储罐
2	储存真实蒸气压≥5.2 kPa，但<27.6 kPa 且设计容积≥150 m³ 的挥发性有机液体	采用内浮顶罐：内浮顶罐的浮盘与罐壁之间应采用液体镶嵌式、机械式鞋形、双密封式等高效密封方式； 采用外浮顶罐：外浮顶罐的浮盘与罐壁之间应采用双密封式密封，且初级密封采用液体镶嵌式密封、机械式鞋形等高效密封方式； 采用固定顶罐，应安装密闭排气系统至有机废气回收或处理装置
3	储罐真实蒸气压≥27.6 kPa，但<76.6 kPa 且设计容积≥75 m³ 的挥发性有机液体储罐	
4	苯、甲苯、二甲苯等危险化学品	采用内浮顶罐并安装油气回收装置

表 1-1-5　石化行业物料推荐罐型

序号	介质	适用罐型	常见储存温度	备注
1	原油	内浮顶罐、外浮顶罐	常温	苯、甲苯、二甲苯等采用内浮顶罐并安装顶空联通置换油气回收装置
2	汽油	内浮顶罐、外浮顶罐	常温	
3	航空汽油	内浮顶罐、外浮顶罐	常温	
4	轻石脑油	内浮顶罐、外浮顶罐	常温	
5	重石脑油	内浮顶罐、外浮顶罐	常温	
6	航空煤油	内浮顶罐、外浮顶罐	常温	
7	柴油	固定顶罐、内浮顶罐、外浮顶罐	常温	
8	烷基化油	内浮顶罐	常温	
9	抽余油	内浮顶罐	常温	
10	蜡油	固定顶罐	伴热	
11	渣油	固定顶罐	伴热	
12	污油	固定顶罐、内浮顶罐	常温	
13	燃料油	固定顶罐、外浮顶罐	常温	
14	正己烷	内浮顶罐	常温	
15	正庚烷	固定顶罐、内浮顶罐	常温	
16	正壬烷	固定顶罐	常温	
17	正癸烷	固定顶罐	常温	
18	甲基叔丁基醚（MTBE）	内浮顶罐	常温	
19	丙酮	内浮顶罐	常温	
20	苯	内浮顶罐	常温	
21	甲苯	内浮顶罐	常温	
22	间二甲苯	内浮顶罐	常温	
23	邻二甲苯	内浮顶罐	常温	

序号	介质	适用罐型	常见储存温度	备注
24	对二甲苯	内浮顶罐	常温	苯、甲苯、二甲苯等采用内浮顶罐并安装顶空联通置换油气回收装置
25	甲酸甲酯	压力罐	常温	
26	乙醇	内浮顶罐	常温	
27	甲醇	内浮顶罐	常温	
28	正丁醇	固定顶罐、内浮顶罐	常温	
29	环己醇	固定顶罐、内浮顶罐	必须高于25.9℃	
30	乙二醇	固定顶罐	常温	
31	丙三醇	固定顶罐	必须高于20℃	
32	二乙苯	内浮顶罐	常温	
33	苯酚	固定顶罐	必须高于43℃	
34	苯乙烯	固定顶罐	常温	
35	醋酸	固定顶罐	必须高于16℃	
36	正丁酸	固定顶罐	常温	
37	丙烯酸	固定顶罐	必须高于14℃	
38	丙烯腈	内浮顶罐	常温	
39	醋酸乙烯	内浮顶罐	常温	
40	乙酸乙酯	内浮顶罐	常温	
41	乙二胺	固定顶罐	必须高于9℃	
42	三乙胺	内浮顶罐	常温	
43	丙苯	固定顶罐	常温	
44	乙苯	固定顶罐	常温	

序号	介质	适用罐型	常见储存温度	备注
45	丙基苯	固定顶罐	常温	苯、甲苯、二甲苯等采用内浮顶罐并安装顶空联通置换油气回收装置
46	异丙苯	固定顶罐	常温	
47	正辛醇	固定顶罐	常温	
48	甲基丙烯酸甲酯	固定顶罐	常温	
49	间二氯苯	固定顶罐	常温	
50	正丙醇	固定顶罐	常温	
51	异丙醇	内浮顶罐	常温	
52	异丁醇	固定顶罐	常温	
53	异辛烷	内浮顶罐	常温	
54	乙酸丁酯	固定顶罐	常温	
55	四氯乙烯	固定顶罐	常温	
56	糠醛	固定顶罐	常温	
57	甲酸	内浮顶罐	常温	
58	甲基异丁基酮	固定顶罐	常温	
59	环己酮	固定顶罐	常温	
60	癸醇	固定顶罐	必须高于6℃	
61	二乙二醇	固定顶罐	常温	
62	醋酸正丙酯	固定顶罐	常温	
63	醋酸仲丁酯	固定顶罐	常温	
64	二甲基甲酰胺（DMF）	固定顶罐	常温	
65	甲乙酮	内浮顶罐	常温	
66	苯胺	内浮顶罐	常温	
67	煤焦油	固定顶罐	常温	

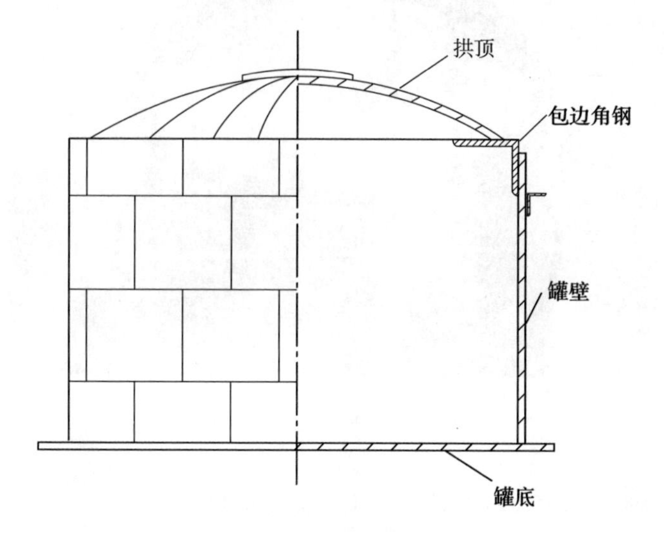

图 1-1-5　固定顶罐示意图

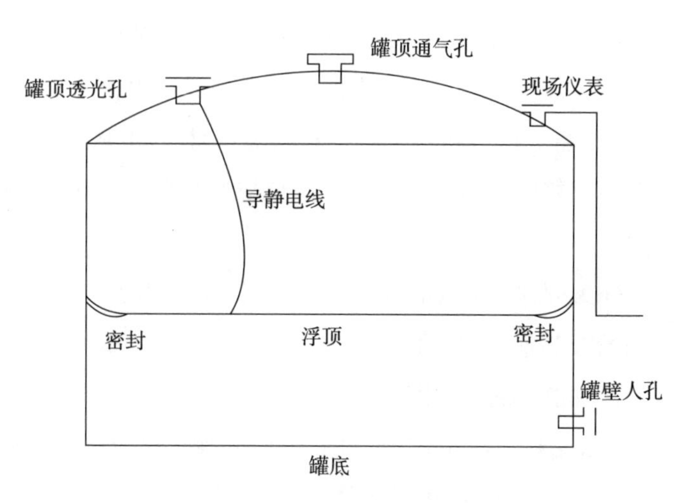

图 1-1-6　内浮顶罐示意图

图 1-1-7　外浮顶罐示意图

（2）企业是否开展浮盘检查（主要通过资料检查）

依据企业的浮盘检修记录，判断企业是否每 6 个月对浮盘密封设施的状态进行检查 1 次，按照标准要求保存相关记录 1 年以上。如排污许可证另有要求，需从严执行。

（3）储罐、储库、料仓是否完全密闭（需现场检查）

储罐的罐体应保持完好，不应有漏洞、缝隙或破损；固定顶罐的开口（孔）除采样、计量、例行检查、维护和其他正常活动外，应密闭；浮顶罐浮盘上的开口、缝隙密封设施，以及浮盘与罐壁之间的密封设施在工作状态时应密闭。

储存含 VOCs 固体物料（含 VOCs 废物料）的场所应完整，与周围空间有阻隔，门窗及其他开口（孔）部位应关闭（人员、车辆、设备、物料进出时，以及依法设立的排气筒、通风口除外）。

（4）涉 VOCs 物料（含 VOCs 废物料）转移过程是否密闭（需现场检查）

企业涉 VOCs 物料（含 VOCs 废物料）需采用管道密闭输送，或者采用密闭容器、罐车输送。

（5）物料装载是否符合要求（需现场检查）

装载涉 VOCs 物料的汽车、火车、船需采用底部装载或顶部浸没式装载。采用顶部浸没式装载时，出油口距离罐底的高度应小于 200 mm，装载方式严禁使用喷溅式装载。

底部装油结束时断开快速接头，油品滴洒量不应超过 10 mL（滴洒量取连续 3 次断开操作的平均值）。

底部装载：物料通过车辆底部进入罐车（见图 1-1-8）。

顶部浸没式装载：油管插入罐车内油面以下。油管（鹤管）长度在 1.5 m 以上，具体见图 1-1-9。

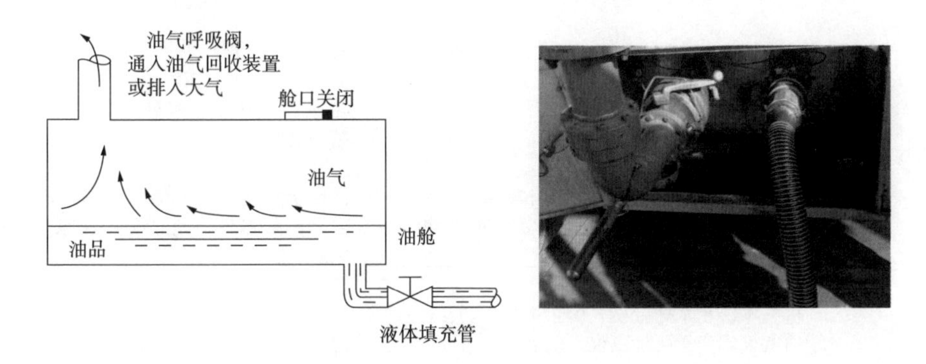

图 1-1-8　底部装载现场示意

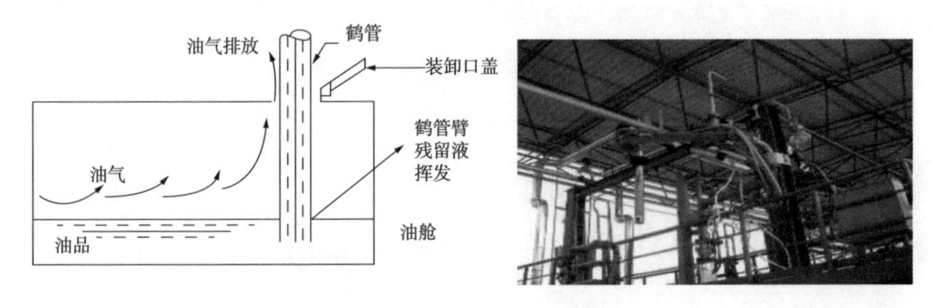

图 1-1-9　顶部浸没式装载现场示意

2. 涉 VOCs 无组织排放

（1）是否开展 LDAR 工作（主要通过资料检查）

石化企业有机气体和挥发性有机物流经的设备和管线组件，应进行泄漏检测与修复（LDAR）工作，现场可以依据企业动静密封点台账和动静密封点的检测报告，判断是否开展 LDAR 工作。

（2）LDAR 工作是否符合要求（主要通过资料检查）

企业密封点检测频次及相关要求见表 1-1-6。

表 1-1-6　动静密封点检测要求

序号	检测内容	检测频次及相关要求
1	泵、压缩机、阀门、开口阀或开口管线、气体/蒸汽泄压设备、取样连接系统	每 3 个月检测 1 次
2	法兰及其他连接件、其他密封设备	每 6 个月检测 1 次
3	挥发性有机物流经的初次开工开始运转的设备和管线组件	在开工后 30 日内对其进行第一次检测
4	泄漏检测应记录检测时间、检测仪器读数；修复时应记录修复时间和确认已完成修复的时间，记录修复后检测仪器读数	按照标准要求保存相关记录 1 年以上，如排污许可证另有要求，需从严执行
5	有机气体或者挥发性液体流经的设备与管线组件，采用氢火焰离子化检测仪（以甲烷或丙烷为校正气体）	泄漏检测值应小于 2 000 μmol/mol
6	其他挥发性有机物流经的设备与管线组件，采用氢火焰离子化检测仪（以甲烷或丙烷为校正气体）	泄漏检测值应小于 500 μmol/mol
7	当检测到泄漏时，在可行条件下应尽快维修	一般不晚于发现泄漏后 15 日
8	首次（尝试）维修应当包括（但不限于）以下描述的相关措施：拧紧密封螺母或压盖、在设计压力及温度下密封冲洗	首次（尝试）维修不应晚于检测到泄漏后 5 日
9	若在不关闭工艺单元的条件下，在 15 日内进行维修技术上不可行，则可以延迟维修	不应晚于最近一个停工期

（3）废水集输、储存、处理设施是否符合规定（需现场检查）

石化企业含碱废水，含硫含氨酸性水，含苯系物废水，烟气脱硫、脱硝废水，设备、管线检维修过程化学清洗废水等应单独收集、储存并进行预处理。如集水井（池）、隔油池、气浮池、曝气池、浓缩池等用于集输、储存和处理含挥发性有机物、恶臭物质的废水设施应密闭，过程中产生的废气应接入有机废气回收或处理装置。废水处理池见图 1-1-10。

图 1-1-10　废水处理池示意

（4）循环水监测修复是否到位（主要通过资料检查）

重点地区石化企业应至少每 6 个月对流经换热器进口和出口的循环水进行总有机碳（TOC）或可吹脱有机碳（POC）浓度监测。当出口处浓度大于进口处浓度的 10% 时，要溯源泄漏点并及时修复。循环水换热器示意见图 1-1-11。

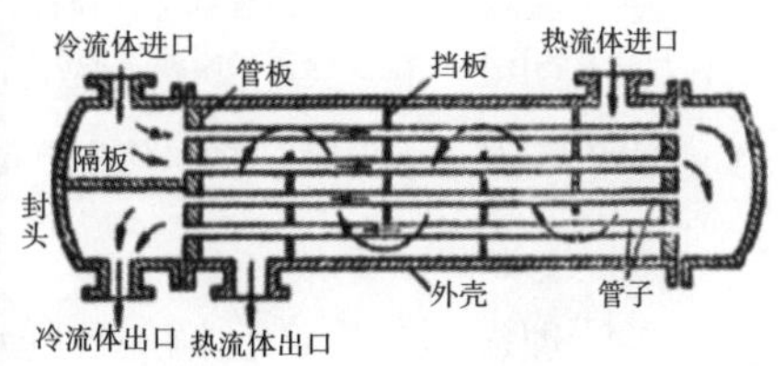

图 1-1-11　循环水换热器示意

（5）是否进行密闭采样（需现场检查）

对于含挥发性有机物、恶臭物质的物料，应采用密闭采样或在采样口设置等效设施。

3. 涉 VOCs 有组织排放

（1）有组织废气是否按照要求安装治理设施（需现场检查）

检查石化企业有组织废气是否安装治理设施。其中，应安装治理设施的环节见表 1-1-7。

表 1-1-7　需安装有机废气治理设施的环节及相关要求

序号	产生有机废气的环节及相关要求
1	苯、甲苯、二甲苯等危险化学品在内浮顶罐的基础上安装油气回收装置等处理设施
2	储存真实蒸气压≥5.2 kPa 但＜ 27.6 kPa 且设计容积≥150 m^3 的挥发性有机液体储罐，以及储存真实蒸气压≥27.6 kPa 但＜ 76.6 kPa 且设计容积≥75 m^3 的挥发性有机液体储罐，若采用固定顶罐，应安装密闭排气系统至有机废气回收或处理装置
3	用于集输、储存和处理含挥发性有机物及恶臭物质的废水设施应密闭，产生的废气应接入有机废气回收或处理装置
4	油品装卸栈桥对铁路罐车进行装油，发油台对汽车罐车进行装油，油品装卸码头对油船（驳）进行装油，在该过程中涉及的原油及成品油（汽油、煤油、喷气燃料、化工轻油、有机化学品）设施，应密闭装油并设置油气收集、回收或处理装置
5	重整催化剂再生烟气、离子液法烷基化装置催化剂再生烟气、氧化脱硫醇尾气、精对苯二甲酸（PTA）生产尾气、丙烯腈生产尾气、橡胶生产尾气、环氧丙烷 / 苯乙烯生产尾气、苯胺生产废气、氯苯生产废气、苯甲酸生产尾气、苯酚丙酮氧化尾气等工艺有组织废气
6	非正常工况下，生产设备通过安全阀排出的含挥发性有机物的废气
7	用于输送、储存、处理含挥发性有机物、恶臭物质的生产设施，以及水、大气、固体废弃物污染控制设施在检修或维修时清扫气应接入有机废气回收或处理装置
8	生产装置、设备开停工过程中产生的废气应满足排放标准要求

（2）治理设施与生产设施是否同步运行（需现场检查）

现场可通过“视频监控治理设施”“单独安装治理设施电表”“用能监控治理设施”“DCS 系统”“自动监测系统”等方式判断治理设施的同步运行率是否达标。

（3）治理设施是否正常运行（需现场检查）

现场检查企业治理设施是否正常运行，可参照治理设施技术规范或厂家设计维护手册检查相关运行参数，检查要点可参考附录 1。

（4）排放浓度及治理设施去除效率是否达标（资料检查和现场检查相结合）

根据监测报告、自动监测系统、现场检测等方式判断排放浓度及去除效率是否满足《石油炼制工业污染物排放标准》（GB 31570—2015）、《石油化学工业污染物排放标准》（GB 31571—2015）和《合成树脂工业污染物排放标准》（GB 31572—2015）的控制要求，有地方标准的按照地方标准执行。

（5）治理设施是否安装自动监测设备并联网验收（需现场检查）

纳入重点排污单位名录的、对排污许可证有明确要求的石化企业，应在主要排污口安装自动监控设施，并与生态环境部门联网。

（6）监测报告是否按照许可要求开展（主要通过资料检查）

检查企业的自行监测报告，其监测频次、内容是否符合表 1-1-8 中的要求。

表 1-1-8　石化企业 VOCs 监测指标及频次要求

源项类型	源项	指标	监测频次
有组织排放	重整催化剂再生烟气排气筒	非甲烷总烃	每月 1 次
	离子液法烷基化装置催化剂再生烟气排气筒	非甲烷总烃	
	有机废气回收处理装置入口及其排放口	非甲烷总烃处理效率	
	废水处理有机废气收集处理装置排气筒	非甲烷总烃	
		苯、甲苯、二甲苯（石油炼制）	每季度 1 次
		废气有机特征污染物（石油化学工业）	每半年 1 次
	含卤代烃有机废气排气筒、其他有机废气排气筒、合成树脂生产设施车间排气筒、合成树脂废水、废气焚烧设施排气筒	非甲烷总烃	每月 1 次
		废气有机特征污染物或其他废气污染物	每半年 1 次

源项类型	源项	指标	监测频次
无组织排放	企业边界	非甲烷总烃、苯、甲苯、二甲苯	每季度1次
	泵、压缩机、阀门、开口阀或开口管线、气体/蒸气泄压设备、取样连接系统	VOCs	每季度1次
	法兰及其他连接件、其他密封设备	VOCs	每半年1次

4. 台账记录

（1）是否建立台账记录（主要通过资料检查）

检查企业是否建立生产信息、含VOCs原辅材料和废气收集处理设施三个重点环节的台账记录。

（2）台账记录是否规范（主要通过资料检查）

对照表1-1-9检查企业台账是否完整，内容是否齐全，记录是否规范。

表 1-1-9　石化行业台账记录要求

重点环节	台账记录要求
生产基本信息	生产装置名称、主要工艺名称、生产设施名称、设施参数、原料名称、产品名称、加工/生产能力、年运行时间、运行负荷、原料、辅料、燃料使用量及产品产量等
含VOCs原辅材料	含VOCs原辅材料名称及其VOCs含量，采购量、使用量、库存量，含VOCs原辅材料回收方式及回收量等
密封点	生产装置名称、密封点类型、密封点编号或位置、检测时间、检测初值、背景值、净检测值、介质、检测人等设备与管线组件密封点挥发性有机物泄漏检测记录表 是否修复、是否延迟修复、修复时间、修复手段、修复后检测初值、修复后背景值、修复后净检测值、介质、修复后检测人等设备与管线组件密封点挥发性有机物泄漏检测记录表
有机液体储存	罐型、公称容积、内径、罐体高度、浮盘密封设施状态、储存物料名称、物料储存温度和年周转量等以及储存维护、保养、检查等运行管理情况、储罐废气治理台账

重点环节	台账记录要求
有机液体装载	装载物料名称，设计年装载量，装载温度，装载方式（火车、汽车、轮船、驳船），实际装载量以及装载废气治理台账等
废水集输、储存与处理	废水量，废水集输方式（密闭管道、沟渠），废水处理设施密闭情况，敞开液面上方 VOCs 检测浓度等
循环水系统	服务装置范围、冷却塔类型、循环水流量、运行时间、冷却水排放量、监测时间、监测浓度。 重点地区：循环水塔进出口 TOC 或 POC 浓度、含 VOCs 物料换热设备进出口 TOC 或 POC 浓度、修复时间、修复措施、修复后进出口 TOC 或 POC 浓度、检测时间等
非正常工况（含开工、停工及维修）排放	生产装置和污染治理设施非正常工况应记录起止时间，污染物排放情况（排放浓度、排放量），异常原因，应对措施，是否向地方生态环境主管部门报告，检查人，检查日期及处理班次等。 开工、停工、检维修时间，退料、吹扫、清洗等过程含 VOCs 物料回收情况，VOCs 废气收集处理情况，开车阶段产生的易挥发性不合格产品产量和收集情况等
火炬排放	连续监测，记录引燃设施和火炬的工作状态（火炬气流量、组成、热值、火种气流量）
事故排放	事故类别、时间、处置情况等
废气收集处理设施	废气处理设施进出口的监测数据（废气量、浓度、温度、含氧量等）
	废气收集与处理运行参数
	废气处理设施相关耗材（吸收剂、吸附剂、催化剂、蓄热体等）购买和处置记录

二、化工行业

（一）适用范围

适用于石油、煤炭及其他燃料加工业（如炼焦、现代煤化工等），化学原料及化学制品制造业（如化学农药制造、涂料制造等），医药制造业（如化学药品原料药制造、兽用药品制造等），化学纤维制造业（如涤纶纤维制造、锦纶纤维制造等），橡胶和塑料制品业（如轮胎制造、塑料薄膜制造等）等。石油化工行业排污许可申报参照石化行业排污许可技术规范，因此将石油化工行业纳入石化行业。

（二）部分化工子行业生产工艺及产排污环节

1. 制药行业

制药行业典型生产工艺及 VOCs 排放环节见图 1-2-1 ~ 图 1-2-3。

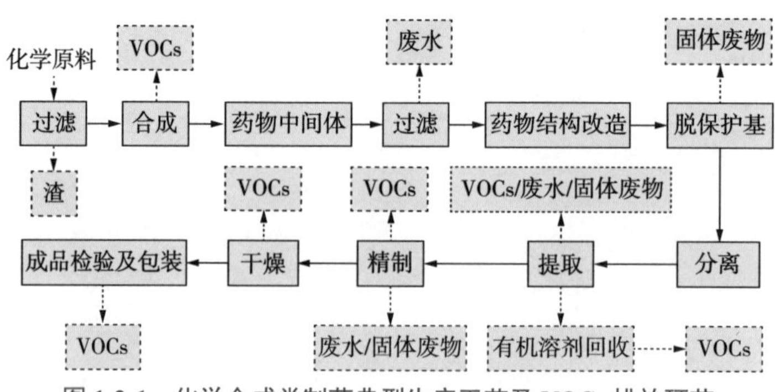

图 1-2-1　化学合成类制药典型生产工艺及 VOCs 排放环节

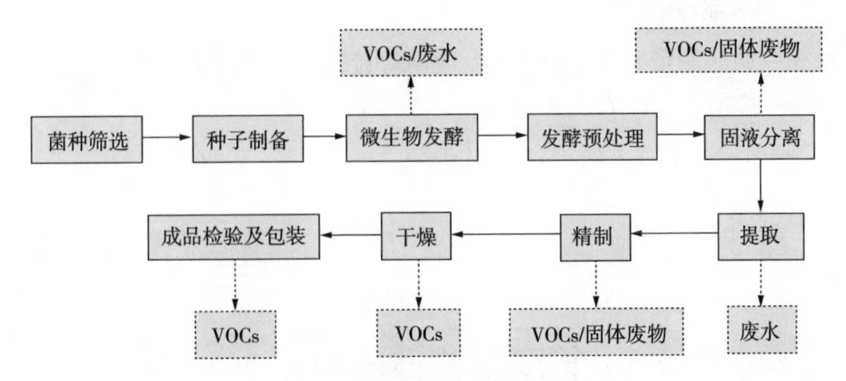

图 1-2-2 发酵类制药典型生产工艺及 VOCs 排放环节

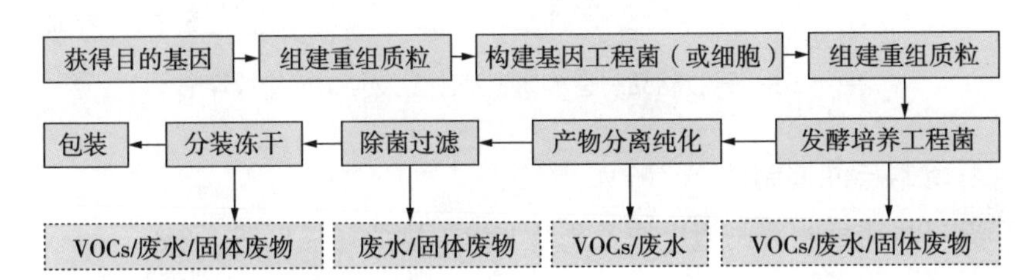

图 1-2-3 生物工程类制药典型生产工艺及 VOCs 排放环节

2. 塑料制品制造

塑料制品制造典型生产工艺及 VOCs 排放环节见图 1-2-4。

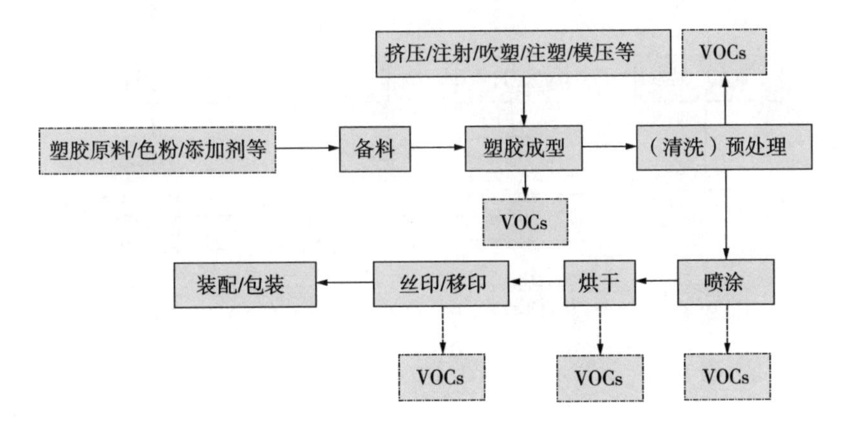

图 1-2-4 塑料制品制造典型生产工艺及 VOCs 排放环节

3. 橡胶制品制造

橡胶制品制造典型生产工艺及 VOCs 排放环节见图 1-2-5。

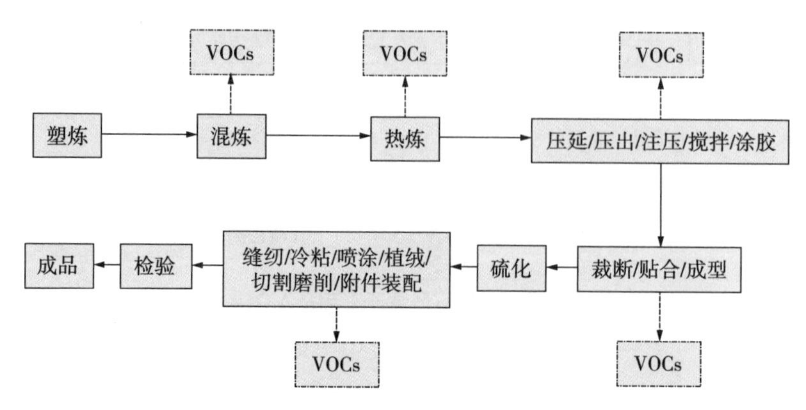

图 1-2-5　橡胶制品制造典型生产工艺及 VOCs 排放环节

4. 涂料与油墨制造

涂料与油墨制造典型生产工艺及 VOCs 排放环节见图 1-2-6。

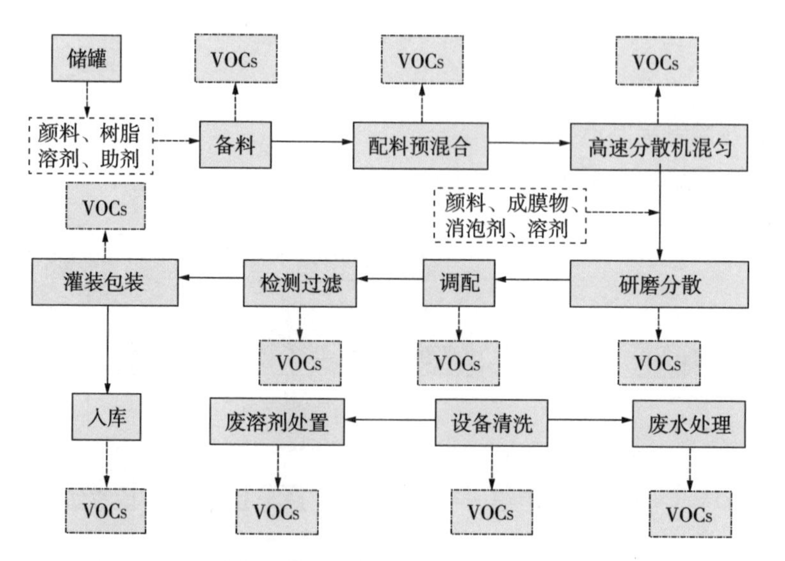

图 1-2-6　涂料与油墨制造典型生产工艺及 VOCs 排放环节

（三）检查要点

现场按照源项开展检查，包括原料环节、涉 VOCs 无组织排放环节、涉 VOCs 有组织排放环节和台账环节。部分已发布国家或地方标准的子行业，依据行业特点实施从严管控。各环节主要检查内容见图 1-2-7，现场检查工作要点、方式及要求见表 1-2-1。

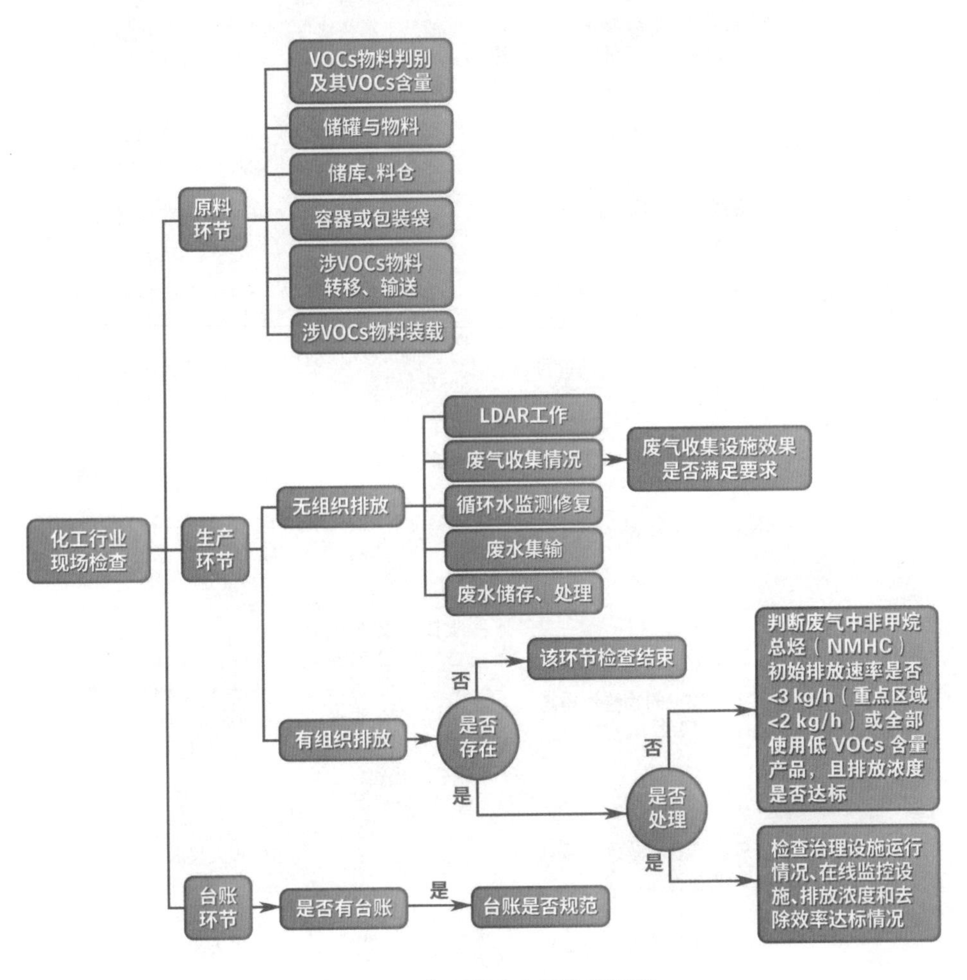

图 1-2-7　化工行业主要检查环节

表 1-2-1　化工行业现场检查工作要点、方式及要求

检查环节	检查要点	检查方式	主要法律标准要求
原料环节	生产、销售和使用的原辅材料 VOCs 含量是否符合国家或地方 VOCs 含量限值标准	通过规范的检测报告、包装桶或化学品安全技术说明书（MSDS）、产品说明书等资料检查，也可通过现场采样，经第三方实验室分析确定	《中华人民共和国大气污染防治法》第四十四条
	VOCs 物料的判别		
	储罐类型与物料是否匹配，是否满足运维要求	检查企业环评报告、排污许可证副本及其他可提供的信息、行业标准，结合现场检查	《中华人民共和国大气污染防治法》第四十八条
	储库、料仓是否完全密闭	现场检查	《中华人民共和国大气污染防治法》第四十八条
	容器或包装袋是否密闭使用或保存	现场检查	《中华人民共和国大气污染防治法》第四十八条
	涉 VOCs 物料的转移和输送过程是否密闭	现场检查	《中华人民共和国大气污染防治法》第四十八条
	涉 VOCs 物料装载是否符合要求	现场检查	《中华人民共和国大气污染防治法》第四十八条
生产环节——涉 VOCs 无组织排放	是否开展 LDAR 工作	检查动静密封点台账	《中华人民共和国大气污染防治法》第四十七条
	LDAR 工作是否符合要求	检查动静密封点的检测报告	《中华人民共和国大气污染防治法》第四十七条
	各施工状态下 VOCs 质量占比≥10% 的物料使用过程废气是否收集	现场检查，VOCs 质量占比通过规范的检测报告、包装桶或化学品安全技术说明书（MSDS）、产品说明书等资料判断，也可通过现场采样，经第三方实验室分析确定	《中华人民共和国大气污染防治法》第四十五条
	废气收集设施效果是否满足要求	现场检查	《中华人民共和国大气污染防治法》第四十五条
	废水集输系统是否符合规定	沟渠输送时，现场检测企业敞开液面上方 100 mm 处 VOCs 浓度	《中华人民共和国大气污染防治法》第四十八条

检查环节	检查要点	检查方式	主要法律标准要求
生产环节——涉 VOCs 无组织排放	废水储存、处理设施是否符合规定	现场检测企业废水储存、处理设施敞开液面上方 **100** mm 处 VOCs 浓度	《中华人民共和国大气污染防治法》第四十八条
	循环水检测修复是否到位	检查循环水检测报告	《中华人民共和国大气污染防治法》第四十七条
生产环节——涉 VOCs 有组织排放	有组织排放是否安装治理设施	现场检查	《中华人民共和国大气污染防治法》第四十五条
	未安装废气治理设施时，收集的废气中 NMHC 初始排放速率是否<**3** kg/h（重点地区收集的废气中 NMHC 初始排放速率<**2** kg/h）或采用的原辅材料是否均符合国家有关低 VOCs 含量产品规定，且排放浓度是否达标	检查检测（监测）报告	《中华人民共和国大气污染防治法》第四十五条
	已安装废气治理设施时，治理设施与生产设施是否同步运行	现场检查	《中华人民共和国大气污染防治法》第四十五条
	治理设施是否正常运行	现场检查	《中华人民共和国大气污染防治法》第四十五条
	治理设施是否安装自动监测设备并联网验收	现场检查	《中华人民共和国大气污染防治法》第二十四条
	排放浓度是否达标	对照相关标准，根据监测报告、自动监测、现场检测等方式判断	《中华人民共和国大气污染防治法》第十八条
	治理设施去除效率是否达标	根据监测报告、自动监测、现场检测等方式判断	《中华人民共和国大气污染防治法》第四十五条
台账环节	是否建立台账记录	检查企业台账记录	《排污许可管理条例》第二十一条
	台账记录是否规范		《排污许可管理条例》第二十一条

备注：同时涉及多部条例或法律要求，参见本书第二部分。

1. 原料环节

（1）生产、销售和使用的原辅材料 VOCs 含量是否符合国家或地方 VOCs 含量限值标准（主要通过资料检查）

企业生产、销售和使用的涂料、固化剂、稀释剂、胶粘剂、清洗剂等含 VOCs 的原辅材料应符合国家或地方 VOCs 含量限值标准（国家相关标准见表 1-2-2）。

表 1-2-2　国家涉 VOCs 产品质量标准

序号	标准名称	标准编号	现有企业 执行时间
1	建筑用墙面涂料中有害物质限量	GB 18582—2020	2020 年 12 月 1 日
2	木器涂料中有害物质限量	GB 18581—2020	2020 年 12 月 1 日
3	车辆涂料中有害物质限量	GB 24409—2020	2020 年 12 月 1 日
4	工业防护涂料中有害物质限量	GB 30981—2020	2020 年 12 月 1 日
5	胶粘剂挥发性有机化合物限量	GB 33372—2020	2020 年 12 月 1 日
6	室内地坪涂料中有害物质限量	GB 38468—2019	2020 年 7 月 1 日
7	船舶涂料中有害物质限量	GB 38469—2019	2020 年 7 月 1 日
8	清洗剂挥发性有机化合物含量限值	GB 38508—2020	2020 年 12 月 1 日
9	低挥发性有机化合物含量涂料产品技术要求	GB/T 38597—2020	2021 年 2 月 1 日
10	油墨中可挥发性有机化合物（VOCs）含量的限值	GB 38507—2020	2021 年 4 月 1 日

VOCs 含量需根据国家相关标准进行测定，检测报告应由具有 CMA 和 CNAS 资质的第三方检测机构出具。如无规范的检测报告，可通过各原辅材料包装桶或规范的 MSDS 等资料上的 VOCs 含量，结合原辅材料在施工（即用）状态下的施工配比判断。施工配比可通过查阅产品说明书等方式获取。VOCs 含量也可通过现场采样，经第三方实验室分析确定。

（2）VOCs 物料的判别（主要通过资料检查）

根据《挥发性有机物无组织排放控制标准》（GB 37822—2019），VOCs 物料是指 VOCs 质量占比大于等于 10% 的物料，以及有机聚合物材料。

在实际生产中，因不同工艺环节进出料的变化，物料的 VOCs 含量在不同工艺环节是不同的，需按工序逐一核实这些物料是否属于 VOCs 物料（VOCs 质量占比是否大于等于 10%，是否是有机聚合物材料）。

物料的 VOCs 质量占比需根据国家相关标准（见表 1-2-2）进行测定，检测报告应由具有 CMA 和 CNAS 资质的第三方检测机构出具。如无规范的检测报告，可通过各原辅材料包装桶或规范的 MSDS 等资料上的 VOCs 含量，结合原辅材料在施工（即用）状态下的施工配比判断。施工配比可通过查阅产品说明书等方式获取。VOCs 质量占比也可通过现场采样，经第三方实验室分析确定。

（3）储罐类型与物料是否匹配，是否满足运维要求（资料检查和现场检查相结合）

储存有机液体应根据真实蒸气压等化学品参数及储罐容积选择合适的罐型。现场检查需根据企业环评报告、排污许可证副本、行业标准等资料判断储罐类型与物料是否匹配。有行业（如制药工业，涂料、油墨及胶粘剂工业等）标准的，按照行业标准判断；无行业标准的，根据《挥发性有机物无组织排放控制标准》（GB 37822—2019）的要求（见表 1-2-3）及物料储存罐型参考（见表 1-2-4）进行判断。罐体应保持完好，不应有漏洞、缝隙或破损。固定顶罐附件开口（孔）除采样、计量、例行检查、维护和其他正常活动外，应密闭，定期检查呼吸阀的定压是否符合设定要求（见图 1-2-8）。浮顶罐浮顶边缘密封，不应有破损，支柱、导向装置等附件穿过浮顶时，应采取密封措施，应定期检查边缘呼吸阀的定压是否符合设定要求（见图 1-2-9、图 1-2-10）。

表 1-2-3　物料储存罐型判断

类型	判断条件	罐型要求
控制要求	储存真实蒸气压≥76.6 kPa 的挥发性有机液体且储罐容积≥75 m^3 的储罐	压力罐、低压罐
	储存真实蒸气压≥27.6 kPa 但＜76.6 kPa 且储罐容积≥75 m^3 的挥发性有机液体的储罐	符合下列规定之一： • 采用内浮顶罐，浮顶与罐壁之间应采用浸液式密封、机械式鞋形密封等高效密封方式 • 采用外浮顶罐，浮顶与罐壁之间应采用双重密封，且一次密封采用浸液式密封、机械式鞋形密封等高效密封方式 • 采用固定顶罐，排放的废气应收集处理并满足相关行业排放标准（无行业标准的应满足 GB 16297—1996），或处理效率不低于 80% • 采用气相平衡系统 • 采取其他等效措施
特别控制要求	储存真实蒸气压≥76.6 kPa 的挥发性有机液体的储罐	压力罐、低压罐
	储存真实蒸气压≥27.6 kPa 但＜ 76.6 kPa 且储罐容积≥75 m^3，真实蒸气压≥5.2 kPa 但＜ 27.6 kPa 且储罐容积≥150 m^3 的挥发性有机液体的储罐	符合下列规定之一： • 采用内浮顶罐，浮顶与罐壁之间应采用浸液式密封、机械式鞋形密封等高效密封方式 • 采用外浮顶罐，浮顶与罐壁之间应采用双重密封，且一次密封采用浸液式密封、机械式鞋形密封等高效密封方式 • 采用固定顶罐，排放的废气应收集处理并满足相关行业排放标准（无行业标准的应满足 GB 16297—1996），或处理效率不低于 90% • 采用气相平衡系统 • 采取其他等效措施

表 1-2-4　储罐介质、适用罐型、常见储存温度一览表

序号	介质	适用罐型	常见储存温度
1	液化石油气	压力罐	常温
2	石脑油	压力罐、内浮顶罐	常温
3	汽油	内浮顶罐	常温
4	航空煤油	内浮顶罐	常温

序号	介质	适用罐型	常见储存温度
5	柴油	固定顶罐、内浮顶罐	常温
6	蜡油	固定顶罐	常温
7	渣油	固定顶罐	常温
8	正己烷	内浮顶罐	常温
9	正庚烷	固定顶罐、内浮顶罐	常温
10	正壬烷	固定顶罐	常温
11	正癸烷	固定顶罐	常温
12	甲基叔丁基醚	内浮顶罐	常温
13	丙酮	内浮顶罐	常温
14	苯	内浮顶罐	常温
15	甲苯	内浮顶罐	常温
16	甲酸甲酯	压力罐	常温
17	间二甲苯	内浮顶罐	常温
18	邻二甲苯	内浮顶罐	常温
19	对二甲苯	内浮顶罐	常温
20	乙醇	内浮顶罐	常温
21	甲醇	固定顶罐、内浮顶罐	常温
22	正丁醇	固定顶罐、内浮顶罐	常温
23	环己醇	固定顶罐、内浮顶罐	必须高于 **25.9**℃
24	乙二醇	固定顶罐	常温
25	丙三醇	固定顶罐	必须高于 **20**℃
26	二乙苯	内浮顶罐	常温
27	苯酚	内浮顶罐	必须高于 **43**℃

序号	介质	适用罐型	常见储存温度
28	苯乙烯	内浮顶罐	常温
29	醋酸	固定顶罐	必须高于 16℃
30	正丁酸	固定顶罐	常温
31	丙烯酸	固定顶罐	必须高于 14℃
32	丙烯腈	内浮顶罐	常温
33	醋酸乙烯	内浮顶罐	常温
34	乙酸乙酯	内浮顶罐	常温
35	乙二胺	固定顶罐	必须高于 9℃
36	三乙胺	内浮顶罐	常温
37	丙苯	内浮顶罐	常温
38	乙苯	内浮顶罐	常温
39	正丙苯	内浮顶罐	常温
40	异丙苯	内浮顶罐	常温
41	1- 辛醇	固定顶罐	常温
42	甲基丙烯酸甲酯	内浮顶罐	常温
43	间二氯苯	内浮顶罐	常温
44	正丙醇	固定顶罐	常温
45	异丙醇	固定顶罐	常温
46	异丁醇	固定顶罐	常温
47	异辛烷	内浮顶罐	常温
48	乙酸丁酯	固定顶罐	常温
49	四氯乙烯	固定顶罐	常温

序号	介质	适用罐型	常见储存温度
50	糠醛	固定顶罐	常温
51	甲酸	内浮顶罐	常温
52	甲基异丁基酮	固定顶罐	常温
53	环己酮	固定顶罐	常温
54	癸醇	固定顶罐	必须高于 6℃
55	二乙二醇	固定顶罐	常温
56	醋酸正丙酯	固定顶罐	常温
57	醋酸仲丁酯	固定顶罐	常温
58	二甲基甲酰胺	固定顶罐	常温
59	甲乙酮	内浮顶罐	常温
60	苯胺	内浮顶罐	常温
61	煤焦油	固定顶罐	常温

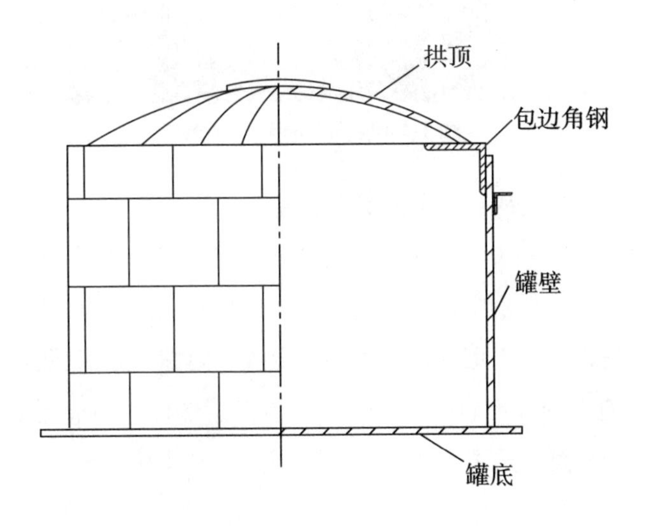

图 1-2-8　固定顶罐示意图

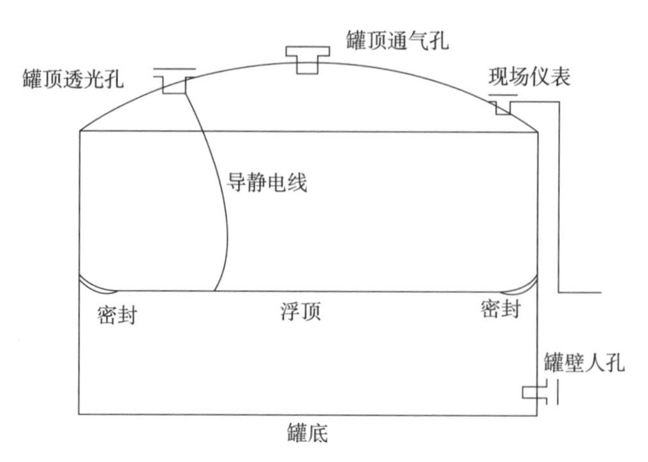

图 1-2-9　内浮顶罐示意图

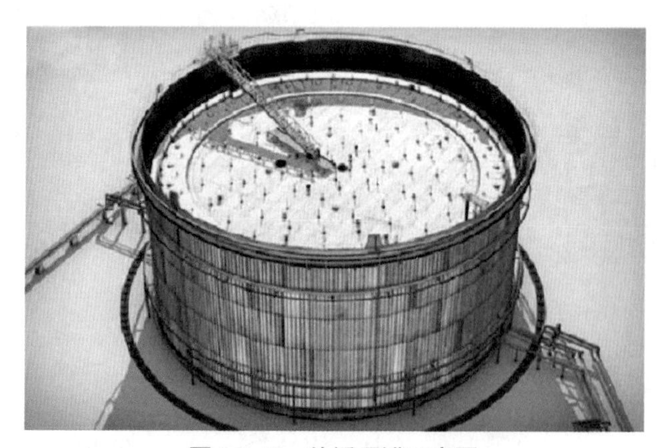

图 1-2-10　外浮顶罐示意图

（4）储库、料仓是否完全密闭（需现场检查）

检查 VOCs 物料（含 VOCs 废物料）是否储存于密闭的容器、包装袋、储罐、储库、料仓中；检查盛装 VOCs 物料（含 VOCs 废物料）的容器或包装袋是否存放于室内，或存放于设置有雨棚、遮阳和防渗设施的专用场地；检查 VOCs 物料（含 VOCs 废物料）储库、料仓是否为密闭空间，场所是否完整，是否与周围空间阻隔，门窗及其他开口（孔）部位是否关闭（人员、车辆、设备、物料进出时，以及依法设立的排气筒、通风口除外），如图 1-2-11 和图 1-2-12 所示。

图 1-2-11 盛装 VOCs 物料的容器存放于室内

图 1-2-12 盛装 VOCs 物料的容器未按要求存放

（5）容器或包装袋是否密闭使用或保存（需现场检查）

检查容器或包装袋在非取用状态时是否密闭保存，盛装过 VOCs 物料

（含 VOCs 废物料）的废包装袋、废容器是否加盖密闭。

废涂料、废油墨、废清洗剂、废活性炭等危险废物应分类放置于贴有标识的容器内，密封并存放于安全、合规场所。图 1-2-13 所示情况为不合格。

图 1-2-13　非取用状态时未密闭保存

（6）涉 VOCs 物料（含 VOCs 废物料）的转移和输送过程是否密闭（需现场检查）

现场检查企业涉液态 VOCs 物料（含 VOCs 废物料）是否采用管道密闭输送，或者采用密闭容器、罐车；涉粉状、粒状 VOCs 物料（含 VOCs 废物料）是否采用气力输送设备、管状带式输送机、螺旋输送机等密闭输送方式，或者采用密闭的包装袋、容器、罐车进行物料转移。

（7）物料装载是否符合要求（需现场检查）

挥发性有机液体应采用底部装载方式；若采用顶部浸没式装载，出料管口距离槽（罐）底部应小于 200 mm。装载物料真实蒸气压≥27.6 kPa 且单一装载设施的年装载量≥500 m³ 的装载过程（重点地区还包括装载物料真实蒸气压≥5.2 kPa 但＜27.6 kPa 且单一装载设施的年装载量≥2 500 m³ 的装载过程），排放的废气应收集处理并满足相关行业排放标准的要求（无行业排放标准的应满足 GB 16297—1996 的要求），或满足处理效率要求（一般地区不低于 80%，重点地区不低于 90%），或将排放的废气连接至气相平衡系统。

顶部浸没式装载：鹤管从槽（罐）顶部插入罐内液面以下，鹤管应为 1.5 m 以上，具体见图 1-2-14。

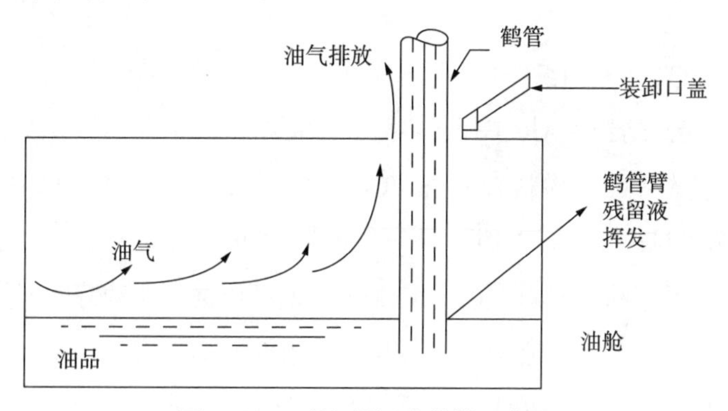

图 **1-2-14**　顶部浸没式装载示意图

底部装载：物料通过车辆底部进入罐车，具体见图 1-2-15、图 1-2-16。

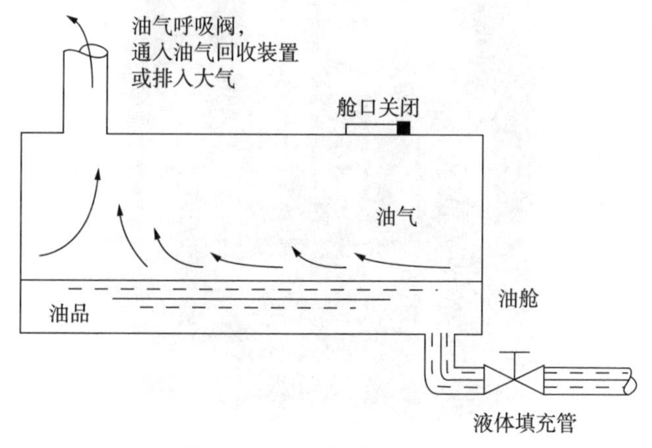

图 **1-2-15**　底部装载示意图

图 1-2-16　底部装载现场图

现场抽查汽车、火车运输有机液体时是否采用底部装载或顶部浸没式装载。

2. 涉 VOCs 无组织排放

（1）是否开展 LDAR 工作（主要通过资料检查）

载有气态 VOCs 物料、液态 VOCs 物料的设备与管线组件的密封点 ≥2 000 个（见图 1-2-17）时，需开展泄漏检测与修复工作，建立动静密封点台账，保存动静密封点的检测报告。现场依据企业动静密封点台账和检测报告，判断 VOCs 流经的设备与管线组件的动静密封点是否开展泄漏检测与修复工作。部分化工行业不涉及气态 VOCs 物料、液态 VOCs 物料的设备与管线组件，如橡胶制品业等，不需要开展 LDAR 工作。

图 1-2-17　密封点现场示意图

（2）LDAR 工作是否符合要求（主要通过资料检查）

企业动静密封点的检测频次及相关要求见表 1-2-5。

表 1-2-5　动静密封点检测与修复要求

序号	工作内容	相关要求
1	泵、压缩机、阀门、开口阀或开口管线、泄压设备、取样连接系统、搅拌器（机）	每 6 个月检测 1 次
2	法兰及其他连接件、其他密封设备	每 12 个月检测 1 次
3	对于 VOCs 流经的密封点初次启用或检维修后	应在开工后 90 天内对其进行第一次检测
4	未列入延迟修复的泄漏密封点	15 天内完成修复
5	泄漏检测应记录检测时间、检测仪器读数；修复时应记录修复时间和确认已完成修复的时间，记录修复后检测仪器读数	相应记录应保存不少于 3 年

（3）各施工状态下 VOCs 质量占比≥10% 的 VOCs 物料使用过程废气是否收集（主要通过现场检查）

根据《挥发性有机物无组织排放控制标准》（GB 37822—2019），VOCs 质量占比≥10% 的含 VOCs 产品，其使用过程应采用密闭设备或在密闭空间内操作，废气应排至 VOCs 废气收集处理系统；无法密闭的，应采取局部气体收集措施，废气应排至 VOCs 废气收集处理系统。VOCs 无组织排放不执行 GB 37822 的情况，需严格按照相关标准执行。例如，除聚氯乙烯（PVC）树脂制品制造外的其他合成树脂制品制造及废弃材料再生，VOCs 无组织排放执行 GB 31572。

逐一检查企业施工（即用）状态下 VOCs 质量占比≥10% 的 VOCs 物料的投加和卸放、化学反应、萃取 / 提取、蒸馏 / 精馏、结晶、离心、过滤、干燥、配料、混合、搅拌、包装、移动缸及设备零件清洗、研磨、造粒、切片、压块、分离精制后 VOCs 母液收集、真空排气、循环槽（罐）、焦化生产冷鼓、库区焦油各类储槽及苯储槽、开停工（车）、检维修和清洗退料、重点地区实验室使用 VOCs 化学品或 VOCs 物料进行实验等环节是否满足上述要求。

（4）废气收集设施效果是否满足要求（需现场检查）

现场检查企业的废气收集设施是否与生产工艺设备同步运行。采用外部集气罩的，距集气罩开口面最远处 VOCs 无组织排放位置（距集气罩开口面最远的 VOCs 逸散点、涉 VOCs 操作台最远处等）的控制风速是否≥0.3 m/s。废气收集系统的输送管道应做到密闭、无破损（见图 1-2-18 和图 1-2-19）。

注：测量点位置应为图中黑点所在位置

图 1-2-18　VOCs 发散源少且固定时外部排风罩控制点位置示意

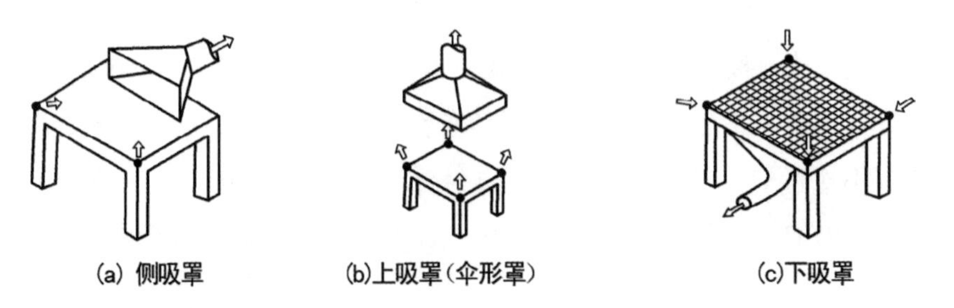

注：测量点位置应为图中黑点所在位置

图 1-2-19　VOCs 发散源多或不固定时外部排风罩控制点位置示意

（5）废水集输系统是否符合规定（资料检查和现场检查相结合）

现场检查企业含 VOCs 废水的集输方式，其中，化学药品原料药制造，兽用药品原料药制造，医药中间体生产排放的废水，化学原药制造，农药中间体制造（重点地区还包括生物药品制品制造、药物研发机构及农药研发机构排放的废水）应采用密闭管道输送；如采用沟渠输送，应加盖密闭。其他化工企业集输系统应符合下列规定之一：①采用密闭管道输送时，接入口和排出口与环境空气隔离；②采用沟渠输送时，若敞开液面上方100 mm 处 VOCs 检测浓度≥200 μmol/mol（重点地区≥100 μmol/mol），应加盖密闭，接入口和排出口采取与环境空气隔离的措施。

（6）废水储存、处理设施是否符合规定（资料检查和现场检查相结合）

现场检查企业含 VOCs 废水的储存、处理设施，储存、处理设施应符合下列规定之一：①化学药品原料药制造，兽用药品原料药制造，医药中间体生产排放的废水，化学原药制造，农药中间体制造（重点地区还包括生物药品制品制造、药物研发机构及农药研发机构排放的废水），其储存、处理设施应在曝气池及其之前加盖密闭，或采取其他等效措施。②其他化工企业含 VOCs 废水的储存和处理设施敞开液面上方 100 mm 处 VOCs 检测浓度≥200 μmol/mol（重点地区≥100 μmol/mol）时，可采用浮动顶盖；当采用固定顶盖时废气应收集至 VOCs 处理系统。③其他等效措施，重点检查企业废水处理厂。

（7）循环水检测修复是否到位（主要通过资料检查）

对于开式循环冷却水系统，应每 6 个月对流经换热器进口和出口的循环冷却水中的总有机碳（TOC）浓度进行检测；若出口浓度大于进口浓度 10% 以上，需进行泄漏修复与记录。现场需检查企业循环水检测报告。

3. 涉 VOCs 有组织排放

（1）有组织排放是否安装治理设施（需现场检查）

检查企业有组织废气是否安装治理设施，详见表 1-2-6。

表 1-2-6　需安装有机废气治理措施的环节及相关要求

序号	产生有机废气的环节
1	采用固定顶罐储存真实蒸气压≥27.6 kPa 但<76.6 kPa 且储罐容积≥75 m^3 的挥发性有机液体时（重点地区还包括储存真实蒸气压≥5.2 kPa 但<27.6 kPa 且储罐容积≥150 m^3 的挥发性有机液体储罐），储罐排放的废气应收集至 VOCs 处理设施

序号	产生有机废气的环节
2	用于集输、储存和处理含 VOCs、恶臭物质的废水设施应密闭，产生的废气应接入有机废气回收或处理装置
3	汽车、火车装载过程中的废气
4	空气氧化反应器产生的含 VOCs 的废气
5	有机固体物料气体输送废气
6	用于含 VOCs 容器真空保持的真空泵排气
7	非正常工况下，生产设备通过安全阀排出的含 VOCs 的废气
8	生产装置、设备开停工过程排放的不满足行业标准要求的废气
9	液态、粉粒状 VOCs 物料的投加，卸（出、放）料过程废气
10	反应设备进料置换废气、挥发排气、反应尾气
11	化学反应、萃取 / 提取、蒸馏 / 精馏、结晶、离心、过滤、干燥、分离、精制、母液储槽（罐）、移动缸及设备零件清洗、循环槽（罐）产生废气
12	混合、搅拌、研磨、造粒、切片、压块等配料加工过程以及含 VOCs 产品的混合、搅拌、包装（灌装及分装）过程产生的废气
13	调配、涂装、印刷、粘结、印染、干燥、清洗、分散、调色、兑稀等过程中使用 VOCs 物料产生的废气
14	有机聚合物（合成树脂、合成橡胶、合成纤维等）的混合 / 混炼，塑炼 / 塑化 / 熔化，加工成型（挤出、注射、压制、压延、发泡、纺丝等）等制品生产过程产生的废气
15	载有 VOCs 物料的设备及其管道在开停工（车）、检维修和清洗时，退料废气、清洗及吹扫过程排气
16	煤化工行业低温甲醇洗 CO_2 放空气、乙二醇合成亚硝酸甲酯回收塔、乙二醇合成尾气洗涤塔、煤间接液化油品合成单元尾气、煤直接液化油渣成型尾气、聚乙烯 / 聚丙烯粉料仓尾气、采用常压固定床间接煤气化工艺的造气废水沉淀池等有组织废气
17	实验室使用 VOCs 化学品或物料产生废气
18	焦化生产冷鼓、库区焦油各类储槽及苯储槽废气等

（2）废气收集后未安装治理设施排放时，收集的废气 NMHC 初始排放速率是否＜ 3 kg/h（重点地区收集的废气 NMHC 初始排放速率＜ 2 kg/h）或采用的所有原辅材料是否均符合国家有关低 VOCs 含量产品规定（资料检查和现场检查相结合），且排放浓度是否达标

当企业存在废气收集后未经处理直接通过排气筒排放的情况时，收集的废气需满足 NMHC 初始排放速率（废气收集设施集气口或废气收集管道断面）＜ 3 kg/h（重点地区收集的废气 NMHC 初始排放速率需＜ 2 kg/h）或采用的所有原辅材料均符合国家有关低 VOCs 含量产品的规定，且废气排放浓度满足相关标准要求。现场应结合监测报告进行判断。如监测报告未提供 NMHC 排放速率，根据风量和浓度的乘积判断。

（3）废气收集后并安装治理设施排放时，治理设施与生产设施是否同步运行（需现场检查）

现场可检查针对治理设施安装的“视频监控”“分表计电”“用能监控”“DCS 系统”“自动监测系统”等判断治理设施的同步运行率。

（4）治理设施是否正常运行（需现场检查）

现场检查企业治理设施是否正常运行（见图 1-2-20、图 1-2-21），相关运行参数可参照治理设施技术规范或厂家设计维护手册，检查要点可参考附录 1。

图 1-2-20　光氧管不亮

图 1-2-21　活性炭吸附设施不满足要求

（5）治理设施是否安装自动监测设备并联网验收（需现场检查）

纳入重点排污单位名录、排污许可证有明确要求的企业，主要排污口应安装自动监测设备，并与地方生态环境主管部门联网。

（6）排放浓度是否达标（资料检查和现场检查相结合）

通过查阅监测报告、自动监测、现场检测等方式判断企业废气排放浓度是否达标。非重点地区制药工业和涂料、油墨、胶粘剂工业有组织排放浓度参照表 1-2-7、表 1-2-8 或更严格的地方标准；重点地区制药工业和涂料、油墨、胶粘剂工业有组织排放浓度参照表 1-2-9、表 1-2-10 或更严格的地方标准。橡胶制品工业企业有组织排放口排放浓度参照表 1-2-11 或更严格的地方标准。农药制造工业新建企业自 2021 年 1 月 1 日起、现有企业自 2023 年 1 月 1 日起，有组织排放浓度参照表 1-2-12 或更严格的地方标准。如无行业排放标准，有组织排放口废气浓度应符合《大气污染物综合排放标准》（GB 16297—1996）的规定（表 1-2-13）。根据监测报告，判断治理设施对应排气筒的各项大气污染物排放量是否达标。

表 1-2-7　非重点地区制药工业大气污染物排放限值（引自 GB 37823—2019）

单位：mg/m³

序号	污染物项目	化学药品原料药制造、兽用药品原料药制造、生物药品制品制造、医药中间体生产和药物研发机构工艺废气	发酵尾气及其他制药工艺废气	污水处理站废气	污染物排放监控位置
1	颗粒物	30[a]	30	—	车间或生产设施排气筒
2	NMHC	100	100	100	
3	TVOC[b]	150	150	—	
4	苯系物[c]	60	—	—	
5	光气	1	—	—	
6	氰化氢	1.9	—	—	
7	苯	4	—	—	
8	甲醛	5	—	—	
9	氯气	5	—	—	
10	氯化氢	30	—	—	
11	硫化氢	—	—	5	
12	氨	30	—	30	

[a] 对于特殊药品生产设施排放的药尘废气，应采用高效空气过滤器进行净化处理或采取其他等效措施。高效空气过滤器应满足 GB/T 13554—2008 中 A 类过滤器的要求，颗粒物处理效率不低于 99.9%。特殊药品包括：青霉素等高致敏性药品、β- 内酰胺结构类药品、避孕药品、激素类药品、抗肿瘤类药品、强毒微生物及芽孢菌制品、放射性药品。

[b] 根据企业使用的原料、生产工艺过程、生产的产品、副产品，结合附录 B 和有关环境管理要求等，筛选确定计入 TVOC 的物质。

[c] 苯系物包括苯、甲苯、二甲苯、三甲苯、乙苯和苯乙烯。

表 1-2-8　非重点地区涂料、油墨及胶粘剂工业大气污染物排放限值（引自 GB 37824—2019）

单位：mg/m³

序号	污染物项目	涂料制造、油墨及类似产品制造	胶粘剂制造	污染物排放监控位置
1	颗粒物	30	30	车间或生产设施排气筒
2	NMHC	100	100	
3	TVOC[a]	120	120	
4	苯系物[b]	60	60	
5	苯	1	1	
6	异氰酸酯类[c,d]	1	1	
7	1,2- 二氯乙烷	—	5	
8	甲醛	—	5	

[a] 根据企业使用的原料、生产工艺过程、生产的产品、副产品，结合附录 A 和有关环境管理要求等，筛选确定计入 TVOC 的物质。

[b] 苯系物包括苯、甲苯、二甲苯、三甲苯、乙苯和苯乙烯。

[c] 异氰酸酯类包括甲苯二异氰酸酯（TDI）、二苯基甲烷二异氰酸酯（MDI）、异佛尔酮二异氰酸酯（IPDI）、多亚甲基多苯基异氰酸酯（PAPI），适用于聚氨酯类涂料、油墨和胶粘剂。

[d] 待国家污染物监测方法标准发布后实施。

表 1-2-9　重点地区制药工业大气污染物特别排放限值（引自 GB 37823—2019）

单位：mg/m^3

序号	污染物项目	化学药品原料药制造、兽用药品原料药制造、生物药品制品制造、医药中间体生产和药物研发机构工艺废气	发酵尾气及其他制药工艺废气	污水处理站废气	污染物排放监控位置
1	颗粒物	20[a]	20	—	车间或生产设施排气筒
2	NMHC	60	60	60	
3	TVOC[b]	100	100	—	
4	苯系物[c]	40	—	—	
5	光气	1	—	—	
6	氰化氢	1.9	—	—	
7	苯	4	—	—	
8	甲醛	5	—	—	
9	氯气	5	—	—	
10	氯化氢	30	—	—	
11	硫化氢	—	—	5	
12	氨	20	—	20	

[a] 对于特殊药品生产设施排放的药尘废气，应采用高效空气过滤器进行净化处理或采取其他等效措施。高效空气过滤器应满足 GB/T 13554—2008 中 A 类过滤器的要求，颗粒物处理效率不低于 99.9%。特殊药品包括：青霉素等高致敏性药品、β- 内酰胺结构类药品、避孕药品、激素类药品、抗肿瘤类药品、强毒微生物及芽孢菌制品、放射性药品。

[b] 根据企业使用的原料、生产工艺过程、生产的产品、副产品，结合附录 B 和有关环境管理要求等，筛选确定计入 TVOC 的物质。

[c] 苯系物包括苯、甲苯、二甲苯、三甲苯、乙苯和苯乙烯。

表 1-2-10　重点地区涂料、油墨及胶粘剂工业大气污染物特别排放限值（引自 GB 37824—2019）

单位：mg/m^3

序号	污染物项目	涂料制造、油墨及类似产品制造	胶粘剂制造	污染物排放监控位置
1	颗粒物	20	20	车间或生产设施排气筒
2	NMHC	60	60	
3	TVOC[a]	80	80	
4	苯系物[b]	40	40	
5	苯	1	1	
6	异氰酸酯类[c,d]	1	1	
7	1,2– 二氯乙烷	—	5	
8	甲醛	—	5	

[a] 根据企业使用的原料、生产工艺过程、生产的产品、副产品，结合附录 A 和有关环境管理要求等，筛选确定计入 TVOC 的物质。
[b] 苯系物包括苯、甲苯、二甲苯、三甲苯、乙苯和苯乙烯。
[c] 异氰酸酯类包括甲苯二异氰酸酯（TDI）、二苯基甲烷二异氰酸酯（MDI）、异佛尔酮二异氰酸酯（IPDI）、多亚甲基多苯基异氰酸酯（PAPI），适用于聚氨酯类涂料、油墨和胶粘剂。
[d] 待国家污染物监测方法标准发布后实施。

表 1-2-11　橡胶制品工业大气污染物排放限值（引自 GB 27632—2011）

序号	污染物项目	生产工艺或设施	排放限值 /（mg/m^3）	基准排气量 /（m^3/t 胶）	污染物排放监控位置
1	颗粒物	轮胎企业及其他制品企业炼胶装置	12	2 000	车间或生产设施排气筒
		乳胶制品企业后硫化装置	12	16 000	
2	氨	乳胶制品企业浸渍、配料工艺装置	10	80 000	
3	甲苯及二甲苯合计[a]	轮胎企业及其他制品企业胶浆制备、浸浆、胶浆喷涂和涂胶装置	15	—	
4	非甲烷总烃	轮胎企业及其他制品企业炼胶、硫化装置	10	2 000	
		轮胎企业及其他制品企业胶浆制备、浸浆、胶浆喷涂和涂胶装置	100	—	

[a] 待国家污染物监测方法标准发布后实施。

表 1-2-12　农药制造工业大气污染物排放限值（引自 GB 39727—2020）

单位：mg/m^3

序号	污染物项目	化学原药制造、农药中间体制造和农药研发机构工艺废气	发酵尾气及其他农药制造工艺废气	废水处理设施废气	污染物排放监控位置
1	颗粒物	30（20[a]）	30（20[a]）	—	车间或生产设施排气筒
2	NMHC	100	100	100	
3	TVOC[b]	150	150	—	
4	氰化氢	1.9	—	—	
5	氯气	5	—	—	
6	氟化氢	5	—	—	
7	氯化氢	30	—	—	
8	氨	30	—	30	
9	硫化氢	—	—	5	
10	光气	1	—	—	
11	丙烯腈	5	—	—	
12	苯	4	—	—	
13	苯系物[c]	60	—	—	
14	甲醛	5	—	—	
15	酚类	20	—	—	
16	氯苯类	50	—	—	

[a] 适用于原药尘。

[b] 根据企业使用的原料、生产工艺过程、生产的产品、副产品，结合附录B和有关环境管理要求等，筛选确定计入 TVOC 的物质。待国家污染物监测技术规定发布后实施。

[c] 苯系物包括苯、甲苯、二甲苯、三甲苯、乙苯和苯乙烯。

表 1-2-13　大气污染物综合排放标准（节选）　　单位：mg/m^3

序号	污染物	最高允许排放浓度
1	苯	12
2	甲苯	40
3	二甲苯	70
4	非甲烷总烃	120（使用溶剂汽油或其他混合烃类物质）

（7）治理设施去除效率是否达标（主要通过资料检查）

通过监测报告、自动监测数据、现场检测等方式判断 VOCs 治理设施的去除效率是否满足≥80% 的要求，如监测报告未直接提供去除效率，可根据监测报告中进口、出口的风量和浓度进行计算。

4. 台账记录情况

（1）是否建立台账记录（主要通过资料检查）

检查企业是否建立生产信息、含 VOCs 原辅材料和废气收集处理设施三个重点环节的台账记录。

（2）台账记录是否规范（主要通过资料检查）

对照表 1-2-14 检查企业台账是否完整，内容是否齐全，记录是否规范。

表 1-2-14　化工行业台账记录要求

重点环节	台账记录要求
含 VOCs 原辅材料	含 VOCs 原辅材料名称及其 VOCs 含量，采购量、使用量、库存量，含 VOCs 原辅材料回收方式及回收量等
密封点	检测时间、泄漏检测浓度、修复时间、采取的修复措施、修复后泄漏检测浓度等
有机液体储存	有机液体物料名称、储罐类型及密封方式、储存温度、周转量、油气回收量
有机液体装载	有机液体物料名称、装载方式、装载量、油气回收量等
废水集输、储存与处理	废水量、废水集输方式（密闭管道、沟渠）、废水处理设施密闭情况、敞开液面上方 VOCs 检测浓度等
循环水系统	检测时间、循环水塔进出口 TOC 浓度、含 VOCs 物料换热设备进出口 TOC 浓度、修复时间、修复措施、修复后进出口 TOC 浓度等
非正常工况（含开停工及维修）排放	开停工、检维修时间，退料、吹扫、清洗等过程含 VOCs 物料回收情况，VOCs 废气收集处理情况，开车阶段产生的易挥发性不合格产品产量和收集情况等
火炬排放	火炬运行时间、燃料消耗量、火炬气流量等

重点环节	台账记录要求
事故排放	事故类别、时间、处置情况等
废气收集处理设施	废气处理设施进出口的监测数据（废气量、浓度、温度、含氧量等）
	废气收集与处理运行参数
	废气处理设施相关耗材（吸收剂、吸附剂、催化剂、蓄热体等）购买处置记录

三、工业涂装

（一）适用范围

适用于所有行业企业的工业涂装工序，主要包括汽车制造、船舶制造等运输设备制造，家具制造、卷材制造、金属制品、通用设备制造、专用设备制造、塑料制品、电气机械及器材制造，计算机、通信和其他电子设备制造等行业，其他涂装工序可参照执行。

（二）主要生产工艺及产排污环节

工业涂装行业VOCs主要来源为VOCs物料（涂料、固化剂、稀释剂、胶粘剂、清洗剂等）的储存、输送及使用过程，使用过程包括但不限于以下作业：

调配（混合、搅拌等）；

涂装（喷涂、浸涂、淋涂、辊涂、刷涂、涂布等）；

粘结（涂胶、热压、复合、贴合等）；

干燥（烘干、风干、晾干等）；

清洗（浸洗、喷洗、淋洗、冲洗、擦洗等）。

（三）检查要点

现场按照源项开展检查，包括原辅料环节、涉 VOCs 无组织排放环节、涉 VOCs 有组织排放环节和台账环节，各环节主要检查内容见图 1-3-1。现场检查工作表见表 1-3-1。

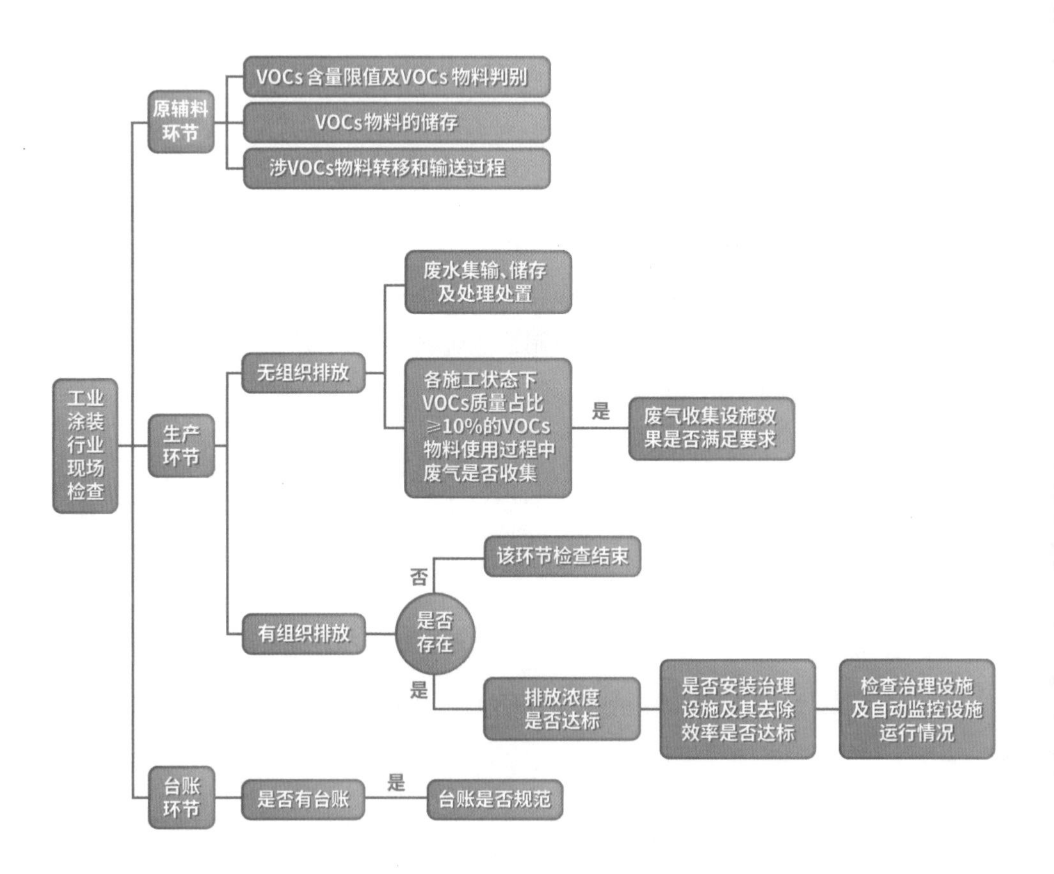

图 1-3-1　工业涂装主要检查环节图解

表 1-3-1　工业涂装现场检查工作表

检查环节	检查要点	检查方式	主要法律标准要求
VOCs 含量限值及 VOCs 物料判别	使用的原辅料 VOCs 含量是否符合国家或地方 VOCs 含量限值标准	通过规范的检测报告、包装桶或化学品安全技术说明书（MSDS）、产品说明书等资料检查，也可通过现场采样，经第三方实验室分析确定	《中华人民共和国大气污染防治法》第四十四条、第四十六条
	VOCs 物料的判别		
VOCs 物料的储存与输送	VOCs 物料（包括含 VOCs 废料）的储存是否密闭	需现场检查	《挥发性有机物无组织排放控制标准》（GB 37822—2019）5 VOCs 物料储存无组织排放控制要求
	涉 VOCs 物料（包括含 VOCs 废料）转移和输送过程是否密闭	需现场检查	《挥发性有机物无组织排放控制标准》（GB 37822—2019）6 VOCs 物料转移和输送无组织排放控制要求
涉 VOCs 无组织排放	各施工状态下 VOCs 质量占比 ≥ 10% 的 VOCs 物料使用过程废气是否收集	现场检查，VOCs 质量占比通过规范的检测报告、包装桶或化学品安全技术说明书（MSDS）、产品说明书等资料判断，也可通过现场采样，经第三方实验室分析确定	《中华人民共和国大气污染防治法》第四十五条
	废气收集设施效果是否满足要求	需现场检查	《中华人民共和国大气污染防治法》第四十五条
	废水集输系统是否符合规定	现场检查，通过检测（监测）报告判断敞开液面 100 mm 处 VOCs 浓度	《挥发性有机物无组织排放控制标准》（GB 37822—2019）9 敞开液面 VOCs 无组织排放控制要求
	废水储存、处理设施是否符合规定	现场检查，通过检测（监测）报告判断敞开液面 100 mm 处 VOCs 浓度	《挥发性有机物无组织排放控制标准》（GB 37822—2019）9 敞开液面 VOCs 无组织排放控制要求
涉 VOCs 有组织排放	排放浓度是否达标	对照相关标准，通过监测报告、自动监测、现场检测等方式判断	《中华人民共和国大气污染防治法》第十八条
	是否按要求安装治理设施及其去除效率是否达标	需现场检查，通过监测报告、自动监测、现场检测等方式判断去除效率和废气 NMHC 初始排放速率	《中华人民共和国大气污染防治法》第四十五条
	治理设施与生产设施是否同步运行	需现场检查	《中华人民共和国大气污染防治法》第四十五条
	治理设施是否正常运行	需现场检查	《中华人民共和国大气污染防治法》第四十五条

检查环节	检查要点	检查方式	主要法律标准要求
涉 VOCs 有组织排放	是否安装自动监测设备并联网验收	需现场检查	《中华人民共和国大气污染防治法》第二十四条
台账记录	是否建立台账记录	检查企业台账记录	《中华人民共和国大气污染防治法》第四十六条
	台账记录是否规范	检查企业台账记录	《中华人民共和国大气污染防治法》第四十六条
备注：同时涉及《排污许可管理条例》等多部法律要求，参见本书第二部分。			

1. VOCs 含量限值及 VOCs 物料判别

（1）使用的原辅材料 VOCs 含量是否符合国家或地方 VOCs 含量限值标准（资料检查和现场检查相结合）

企业使用的涂料、胶粘剂、清洗剂等含 VOCs 原辅材料应符合国家或地方 VOCs 含量限值标准（相关国家标准见表 1-3-2），工业涂装企业应使用挥发性有机物含量低的涂料。

表 1-3-2　国家涉 VOCs 产品质量标准

序号	标准名称	标准编号	现有企业执行时间
1	室内地坪涂料中有害物质限量	GB 38468—2019	2020 年 7 月 1 日
2	船舶涂料中有害物质限量	GB 38469—2019	2020 年 7 月 1 日
3	木器涂料中有害物质限量	GB 18581—2020	2020 年 12 月 1 日
4	建筑用墙面涂料中有害物质限量	GB 18582—2020	2020 年 12 月 1 日
5	车辆涂料中有害物质限量	GB 24409—2020	2020 年 12 月 1 日
6	工业防护涂料中有害物质限量	GB 30981—2020	2020 年 12 月 1 日
7	胶粘剂挥发性有机化合物限量	GB 33372—2020	2020 年 12 月 1 日
8	清洗剂挥发性有机化合物含量限值	GB 38508—2020	2020 年 12 月 1 日
9	低挥发性有机化合物含量涂料产品技术要求	GB/T 38597—2020	2021 年 2 月 1 日
10	油墨中可挥发性有机化合物（VOCs）含量的限值	GB 38507—2020	2021 年 4 月 1 日

VOCs 含量需根据相关国家标准进行测定，检测报告应由具有 CMA

和 CNAS 资质的第三方检测机构出具。如无规范的检测报告，可通过各原辅材料包装桶或规范的化学品安全技术说明书（MSDS）等资料上的各 VOCs 物质含量，结合原辅料在施工（即用）状态下的施工配比判断，施工配比可通过查阅产品说明书等方式获取。VOCs 含量也可通过现场采样，经第三方实验室分析确定。

（2）VOCs 物料的判别（资料检查和现场检查相结合）

根据《挥发性有机物无组织排放控制标准》（GB 37822—2019），VOCs 物料为 VOCs 质量占比≥10% 的物料，以及有机聚合物材料。

在实际生产中，因不同工艺环节进出料的变化，物料 VOCs 含量在不同工艺环节是不同的，需按工序逐一核实其是否属于 VOCs 物料（工业涂装工序中的 VOCs 物料一般只涉及 VOCs 质量占比≥10% 的物料）。

物料的 VOCs 质量占比需根据相关国家标准（见表 1-3-2）进行测定，检测报告应由具有 CMA 和 CNAS 资质的第三方检测机构出具。如无规范的检测报告，可通过各原辅料包装桶或规范的化学品安全技术说明书（MSDS）等资料上的各 VOCs 物质含量，结合原辅材料在施工（即用）状态下的施工配比判断，施工配比可通过查阅产品说明书等方式获取。VOCs 质量占比也可通过现场采样，经第三方实验室分析确定。

2. VOCs 物料的储存与输送

（1）VOCs 物料的储存是否密闭（需现场检查）

根据《挥发性有机物无组织排放控制标准》（GB 37822—2019），VOCs 物料应储存于密闭的容器、包装袋、储罐、储库、料仓中。逐一检查企业盛装 VOCs 物料（涂料、固化剂、稀释剂、胶粘剂、清洗剂等）的容器或包装袋在非取用状态时是否加盖、封口，保持密闭；盛装过 VOCs 物料的废包装容器是否加盖密闭；盛装 VOCs 物料的容器或包装袋是否存放于室内，或存放于设置有雨棚、遮阳和防渗设施的专用场地；VOCs 物料储库、料仓是否为密闭空间［即利用完整的围护结构将 VOCs 物料与周围空间阻隔所形成的封闭区域或封闭式建筑物，除人员、车辆、设备、物料进出时，以及依法设立的排气筒、通风口外，门窗及其他开口（孔）部位随时保持关闭状态]；含 VOCs 废料（渣、液）的储存是否满足上述要求。VOCs 物料密闭储存示例见图 1-3-2。

图 1-3-2　VOCs 物料密闭储存

（2）涉 VOCs 物料转移和输送过程是否密闭（需现场检查）

根据《挥发性有机物无组织排放控制标准》(GB 37822—2019)，液态 VOCs 物料应通过密闭管道输送，通过非管道输送方式转移液态 VOCs 物料时，应采用密闭容器、罐车；粉状、粒状 VOCs 物料应采用气力输送设备、管状带式输送机、螺旋输送机等密闭输送方式，或者采用密闭的包装袋、容器或罐车进行物料转移。应逐一检查各 VOCs 物料以及含 VOCs 废料（渣、液）的转移和输送是否满足上述要求。涉 VOCs 物料密闭转移和输送示例见图 1-3-3。

图 1-3-3　涉 VOCs 物料密闭转移和输送

3. 涉 VOCs 无组织排放

（1）各施工状态下 VOCs 质量占比≥10% 的 VOCs 物料使用过程中废气是否收集（资料检查和现场检查相结合）

根据《挥发性有机物无组织排放控制标准》（GB 37822—2019），VOCs 质量占比≥10% 的含 VOCs 产品，其使用过程应采用密闭设备或在密闭空间内操作，废气应排至 VOCs 废气收集处理系统；无法密闭的，应采取局部气体收集措施，废气应排至 VOCs 废气收集处理系统。

逐一检查企业施工（即用）状态下 VOCs 质量占比≥10% 的 VOCs 物料（涂料、固化剂、稀释剂、胶粘剂、清洗剂等）调配、涂装、粘结、干燥、清洗等使用过程是否满足上述要求。部分 VOCs 物料使用过程见图 1-3-4。

调配

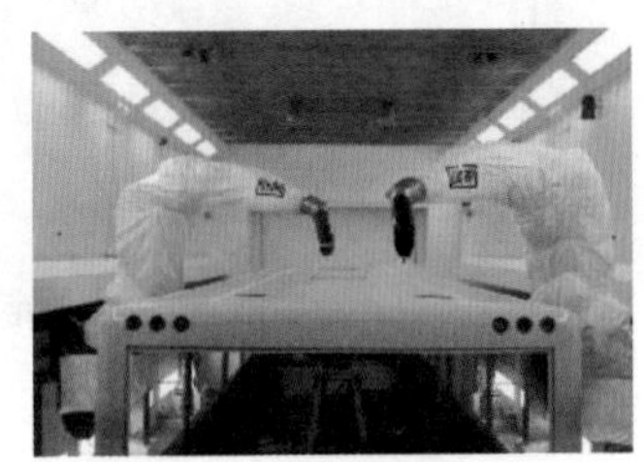

涂装

粘结

干燥

清洗

图 1-3-4　部分 VOCs 物料使用过程

（2）废气收集设施效果是否满足要求（需现场检查）

VOCs 废气收集系统应与生产工艺设备同步运行；采用外部集气罩

的，距集气罩开口面最远处的 VOCs 无组织排放位置的控制风速不应低于 0.3 m/s；废气收集系统的输送管道应密闭、无破损。逐一检查各环节 VOCs 废气收集系统是否满足上述要求。外部排风罩控制风速的测量执行《排风罩的分类及技术条件》（GB/T 16758）、《局部排风设施控制风速检测与评估技术规范》（AQ/T 4274—2016）中规定的方法。测量位置为距排风罩开口面最远处的 VOCs 无组织排放位置（散发 VOCs 的位置），其示意见图 1-3-5 和图 1-3-6。

(a) 侧吸罩

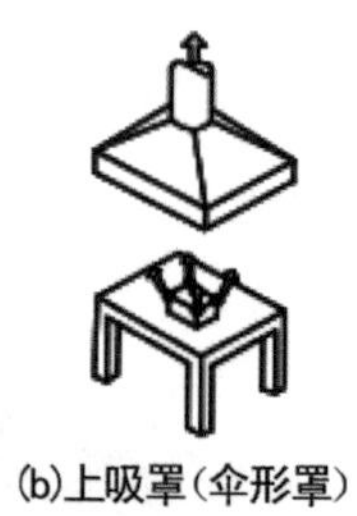

(b)上吸罩（伞形罩）

(c)下吸罩

注：测量点位置应为图中黑点所在位置

图 1-3-5　VOCs 发散源少且固定时外部排风罩控制点位置示意图

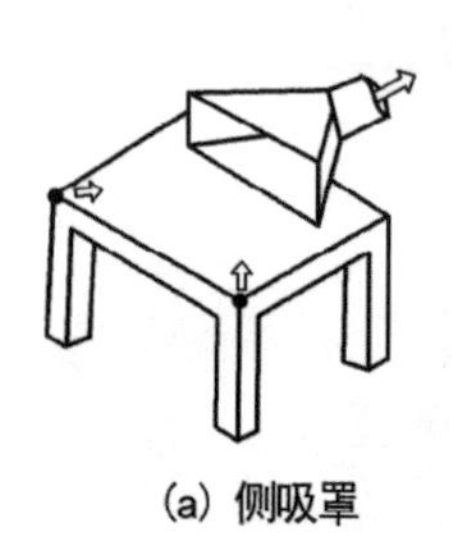

(a) 侧吸罩

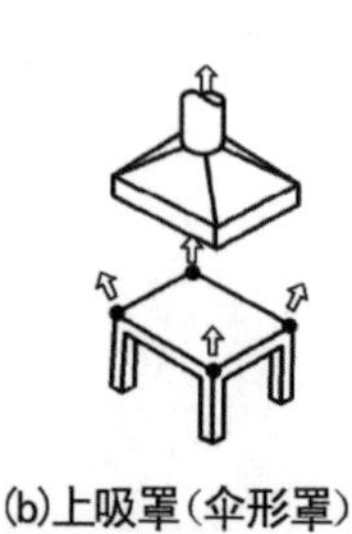

(b)上吸罩（伞形罩）

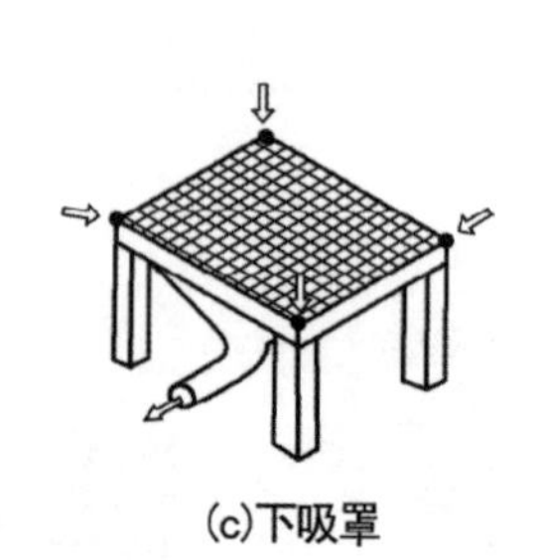

(c)下吸罩

注：测量点位置应为图中黑点所在位置

图 1-3-6　VOCs 发散源多或不固定时外部排风罩控制点位置示意图

（3）废水集输系统是否符合规定（资料检查和现场检查相结合）

对于工艺过程排放的含 VOCs 废水，集输系统应符合下列规定之一：①采用密闭管道输送，接入口和排出口采取与环境空气隔离的措施；②采用沟渠输送，如敞开液面上方 100 mm 处 VOCs 检测浓度≥200 μmol/mol

（重点地区为 100 μmol/mol），加盖密闭，接入口和排出口采取与环境空气隔离的措施。检查废水集输系统是否满足上述要求，或可提供监测报告等证明敞开液面上方 100 mm 处 VOCs 检测浓度＜200 μmol/mol（重点地区为 100 μmol/mol）。

（4）废水储存、处理设施是否符合规定（资料检查和现场检查相结合）

含 VOCs 废水储存和处理设施敞开液面上方 100 mm 处 VOCs 检测浓度≥200 μmol/mol（重点地区为 100 μmol/mol），应符合下列规定之一：①采用浮动顶盖；②采用固定顶盖，收集废气至 VOCs 废气收集处理系统；③其他等效措施。检查废水储存和处理设施是否满足上述要求，或是否可提供监测报告等正规数据证明敞开液面上方 100 mm 处 VOCs 检测浓度＜ 200 μmol/mol（重点地区为 100 μmol/mol）。

4. 涉 VOCs 有组织排放

VOCs 无组织废气经收集后转变为有组织排放，执行的排放控制要求集中在 2 个方面：

一是排放限值。VOCs 有组织排放口污染物排放应符合《大气污染物综合排放标准》（GB 16297—1996）或相关行业排放标准、地方标准的规定。

二是处理效率。《挥发性有机物无组织排放控制标准》（GB 37822—2019）规定：收集的废气中 NMHC 初始排放速率≥3 kg/h 时，应配置 VOCs 处理设施，处理效率不应低于 80%；对于重点地区，收集的废气中 NMHC 初始排放速率≥2 kg/h 时，应配置 VOCs 处理设施，处理效率不应低于 80%；采用的原辅料符合国家有关低 VOCs 含量产品规定的除外。

VOCs 有组织排放控制要求见表 1-3-3。

表 1-3-3　VOCs 有组织排放控制要求

NMHC 初始排放速率	使用的 VOCs 物料	排放控制要求	需采取的措施
≥**3** kg/h（重点地区 **2** kg/h）	未使用符合规定的低 VOCs 含量产品	排放限值 去除效率	须安装处理设施，且效率不低于 **80%**

NMHC 初始排放速率	使用的 VOCs 物料	排放控制要求	需采取的措施
≥3 kg/h（重点地区 2 kg/h）	全部使用了符合规定的低 VOCs 含量产品	排放限值	收集后不满足排放限值要求：须安装处理设施
			收集后满足排放限值要求：可不安装处理设施
<3 kg/h（重点地区 2 kg/h）	—	排放限值	收集后不满足排放限值要求：须安装处理设施
			收集后满足排放限值要求：可不安装处理设施

基于以上要求，现场开展如下检查：

（1）是否满足排放限值要求（资料检查和现场检查相结合）

通过监测报告、自动监测、现场检测等方式，判断对应排气筒的各项大气污染物是否符合《大气污染物综合排放标准》（GB 16297—1996）或相关行业排放标准、地方标准的规定。

检查时还应关注排气筒是否有旁路稀释排放或直接排放。

（2）是否安装治理设施及其去除效率是否达标（资料检查和现场检查相结合）

现场逐一检查 VOCs 物料调配、涂装、粘结、干燥、清洗等所有使用过程以及采用固定顶盖的含 VOCs 废水储存和处理设施收集的废气是否满足上述要求。

VOCs 治理设施的去除效率可通过监测报告、自动监测、现场检测等方式判断；如监测报告未直接提供去除效率，可根据监测报告中进、出口的排放速率或排放浓度与风量进行计算。

收集的废气 NMHC 初始排放速率可通过监测报告、自动监测、现场检测等方式判断；如监测报告未直接提供 NMHC 排放速率，可根据监测报告中的 NMHC 的排放浓度和风量的乘积计算。

（3）治理设施与生产设施是否同步运行（需现场检查）

根据《挥发性有机物无组织排放控制标准》（GB 37822—2019），VOCs

废气收集处理系统应与生产工艺设备同步运行。VOCs 废气收集处理系统发生故障或检修时，对应的生产工艺设备应停止运行，待检修完毕后同步投入使用；生产工艺设备不能停止运行或不能及时停止运行的，应设置废气应急处理设施或采取其他替代措施。

现场可通过查看治理设施的视频监控、治理设施的独立电表、治理设施的用能监控、DCS 系统、自动监测系统等判断治理设施的同步运行情况。

（4）治理设施是否正常运行（需现场检查）

现场检查企业治理设施是否正常运行，相关运行参数可参照治理设施技术规范或厂家设计维护手册，检查要点可参考附录 1。

（5）是否安装自动监测设备并联网验收（需现场检查）

被纳入重点排污单位名录、排污许可证有明确要求的企业，主要排污口应安装自动监测设备，并与地方生态环境主管部门联网。

5. 台账记录情况

（1）是否建立台账记录（主要通过资料检查）

检查企业是否建立生产信息、含 VOCs 原辅料和废气收集处理设施三个重点环节的台账记录。

（2）台账记录是否规范（主要通过资料检查）

对照表 1-3-4 检查企业台账是否完整，内容是否齐全，记录是否规范。

表 1-3-4　工业涂装行业台账记录要求

重点环节	台账记录要求
生产信息	主要产品产量及涂装总面积等生产基本信息
含 VOCs 原辅料	含 VOCs 原辅料（涂料、固化剂、稀释剂、胶粘剂、清洗剂等）名称及其 VOCs 含量，采购量、使用量、库存量、废弃量，含 VOCs 原辅料回收方式及回收量等
废气收集处理设施	废气处理设施进出口的监测数据（废气量、浓度、温度、含氧量等）
	废气收集与处理运行参数
	废气处理设施相关耗材（吸收剂、吸附剂、催化剂、蓄热体等）购买处置记录

来源：《重点行业挥发性有机物综合治理方案》（环大气〔2019〕53 号）。

四、包装印刷

（一）适用范围

适用于塑料软包装印刷、彩盒印刷、印铁制罐、标签印刷等。其他印刷行业可参照执行，典型包装印刷类型见图 1-4-1。

软包装印刷

彩盒印刷

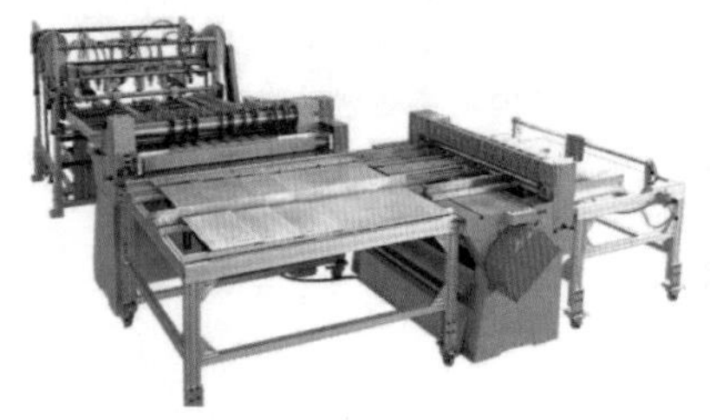

印铁制罐

标签印刷

图 1-4-1　典型包装印刷类型

（二）主要生产工艺及产排污环节

包装印刷行业 VOCs 主要来源于油墨、稀释剂、清洗剂、涂布液、润版液、胶粘剂、复合胶、上光油、涂料等 VOCs 物料的储存、输送及使用过程；主要集中在印刷、复合和清洗等生产环节（见表 1-4-1、图 1-4-2）。

表 1-4-1　包装印刷行业产排污情况一览表

<table>
<tr><th>生产工艺</th><th>产排污节点</th><th>污染物种类</th><th>排放形式</th><th>治理设施</th></tr>
<tr><td rowspan="2">印前</td><td>油墨、胶水等调配</td><td rowspan="10">VOCs</td><td rowspan="10">有组织 /
无组织</td><td rowspan="10">活性炭吸附再生
吸附 + 冷凝回收
浓缩 + 燃烧 /
催化氧化
减风增浓 + 燃烧 /
催化氧化等</td></tr>
<tr><td>制版</td></tr>
<tr><td rowspan="5">印刷</td><td>供墨</td></tr>
<tr><td>印刷</td></tr>
<tr><td>润版</td></tr>
<tr><td>清洗</td></tr>
<tr><td>干燥</td></tr>
<tr><td rowspan="3">印后</td><td>覆膜</td></tr>
<tr><td>复合</td></tr>
<tr><td>涂布（上光）</td></tr>
</table>

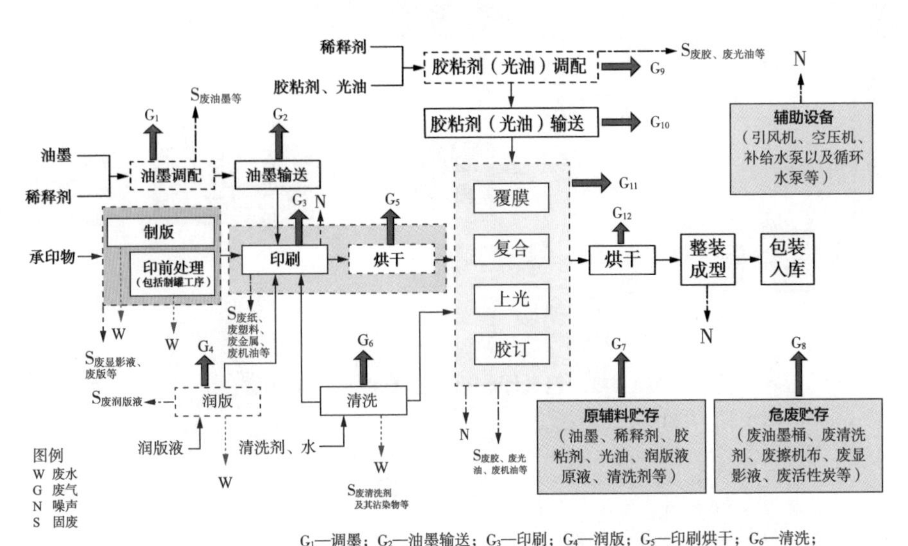

图 1-4-2　包装印刷行业生产工艺与 VOCs 排放环节示意

（三）检查要点

现场按照源项开展检查，包括原辅料环节、涉 VOCs 无组织排放环节、涉 VOCs 有组织排放环节和台账环节，各环节主要检查内容见图 1-4-3。现场检查工作表见表 1-4-2。

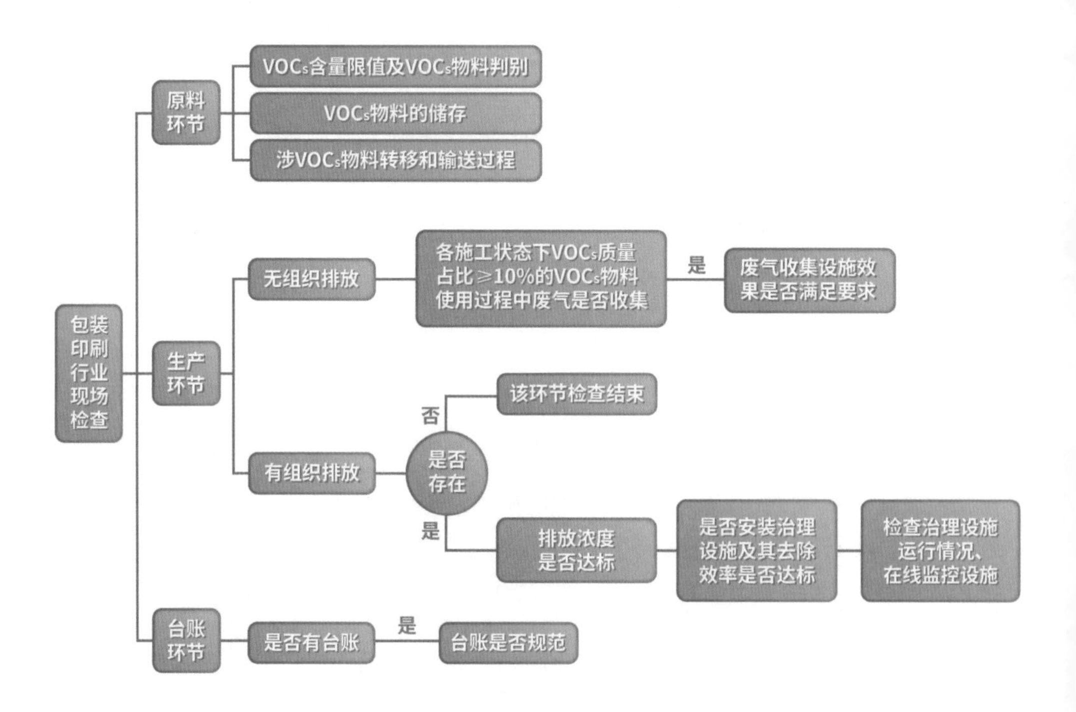

图 1-4-3　包装印刷行业主要检查环节图解

表 1-4-2　包装印刷行业现场检查工作表

检查环节	检查要点	检查方式	主要法律标准要求
VOCs 含量限值及 VOCs 物料判别	使用的原辅材料 VOCs 含量是否符合国家或地方 VOCs 含量限值标准	通过规范的检测报告、包装桶或化学品安全技术说明书（MSDS）、产品说明书等资料检查，也可通过现场采样，经第三方实验室分析确定	《中华人民共和国大气污染防治法》第四十四条、第四十六条
	VOCs 物料的判别		
VOCs 物料的储存与输送	VOCs 物料的储存是否密闭（包括含 VOCs 废料）	需现场检查	《挥发性有机物无组织排放控制标准》（GB 37822—2019）5 VOCs 物料储存无组织排放控制要求
	涉 VOCs 物料转移和输送过程是否密闭（包括含 VOCs 废料）	需现场检查	《挥发性有机物无组织排放控制标准》（GB 37822—2019）6 VOCs 物料转移和输送无组织排放控制要求
涉 VOCs 无组织排放	各施工状态下 VOCs 质量占比 ≥10% 的 VOCs 物料使用过程废气是否收集	现场检查，VOCs 质量占比通过规范的检测报告、包装桶或化学品安全技术说明书（MSDS）、产品说明书等资料判断，也可通过现场采样，经第三方实验室分析确定	《中华人民共和国大气污染防治法》第四十五条
	废气收集设施效果是否满足要求	需现场检查	《中华人民共和国大气污染防治法》第四十五条
涉 VOCs 有组织排放	排放浓度是否达标	对照相关标准，根据监测报告、自动监测、现场检测等方式判断	《中华人民共和国大气污染防治法》第十八条
	是否按要求治理设施及其去除效率是否达标	现场检查，根据监测报告、自动监测、现场检测等方式判断去除效率和废气 NMHC 初始排放速率	《中华人民共和国大气污染防治法》第四十五条
	治理设施与生产设施是否同步运行	需现场检查	《中华人民共和国大气污染防治法》第四十五条
	治理设施是否正常运行	需现场检查	《中华人民共和国大气污染防治法》第四十五条
	治理设施是否安装自动监测设备并联网验收	需现场检查	《中华人民共和国大气污染防治法》第二十四条

检查环节	检查要点	检查方式	主要法律标准要求
台账记录	是否建立台账记录	检查企业台账记录	《排污许可管理条例》第二十一条
	台账记录是否规范	检查企业台账记录	《排污许可管理条例》第二十一条
备注：同时涉及《排污许可管理条例》等多部法律要求，参见本书第二部分。			

1. VOCs 含量限值及 VOCs 物料判别

（1）使用的原辅材料 VOCs 含量是否符合国家或地方 VOCs 含量限值标准（主要通过资料检查）

企业使用的油墨、清洗剂、胶粘剂等含 VOCs 原辅材料应符合国家或地方 VOCs 含量限值标准（国家相关标准见表 1-4-3）。

表 1-4-3　国家涉 VOCs 产品质量标准

序号	标准名称	标准编号	现有企业执行时间
1	室内地坪涂料中有害物质限量	GB 38468—2019	2020 年 7 月 1 日
2	船舶涂料中有害物质限量	GB 38469—2019	2020 年 7 月 1 日
3	木器涂料中有害物质限量	GB 18581—2020	2020 年 12 月 1 日
4	建筑用墙面涂料中有害物质限量	GB 18582—2020	2020 年 12 月 1 日
5	车辆涂料中有害物质限量	GB 24409—2020	2020 年 12 月 1 日
6	工业防护涂料中有害物质限量	GB 30981—2020	2020 年 12 月 1 日
7	胶粘剂挥发性有机化合物限量	GB 33372—2020	2020 年 12 月 1 日
8	清洗剂挥发性有机化合物含量限值	GB 38508—2020	2020 年 12 月 1 日
9	低挥发性有机化合物含量涂料产品技术要求	GB/T 38597—2020	2021 年 2 月 1 日
10	油墨中可挥发性有机化合物（VOCs）含量的限值	GB 38507—2020	2021 年 4 月 1 日

VOCs 含量需根据国家相关标准进行测定，检测报告应由具有 CMA 和 CNAS 资质的第三方检测机构出具。如无规范的检测报告，可通过各原辅材料包装桶或规范的化学品安全技术说明书（MSDS）等资料上的各

VOCs 物质含量判断。VOCs 含量也可通过现场采样，经第三方实验室分析确定。

（2）VOCs 物料的判别（主要通过资料检查）

根据《挥发性有机物无组织排放控制标准》（GB 37822—2019），VOCs 物料为 VOCs 质量占比大于等于 10% 的物料，以及有机聚合物材料。

在实际生产中，因不同工艺环节进出料的变化，物料 VOCs 含量在不同工艺环节是不同的，需按工序逐一核实是否属于 VOCs 物料（VOCs 质量占比是否大于等于 10%、有机聚合物材料）。

物料的 VOCs 质量占比需根据国家相关标准（见表 1-4-3）进行测定，检测报告应由具有 CMA 和 CNAS 资质的第三方检测机构出具。如无规范的检测报告，可通过各原辅材料包装桶或规范的化学品安全技术说明书（MSDS）等资料上的各 VOCs 物质含量，结合原辅材料在施工（即用）状态下的施工配比判断，施工配比可通过查阅产品说明书等方式获取。VOCs 质量占比也可通过现场采样，经第三方实验室分析确定。

2.VOCs 物料的储存与输送

（1）VOCs 物料的储存是否密闭（需现场检查）

根据《挥发性有机物无组织排放控制标准》（GB 37822—2019），VOCs 物料应储存于密闭的容器、包装袋、储罐、储库、料仓中。逐一检查企业盛装 VOCs 物料（油墨、稀释剂、清洗剂、涂布液、润版液、胶粘剂、复合胶、上光油、涂料等）的容器或包装袋在非取用状态时是否加盖、封口，保持密闭；盛装过 VOCs 物料的废包装容器是否加盖密闭；盛装 VOCs 物料的容器或包装袋是否存放于室内，或存放于设置有雨棚、遮阳和防渗设施的专用场地；VOCs 物料储库、料仓是否为密闭空间［即利用完整的围护结构将 VOCs 物料与周围空间阻隔所形成的封闭区域或封闭式建筑物，除人员、车辆、设备、物料进出时，以及依法设立的排气筒、通风口外，门窗及其他开口（孔）部位随时保持关闭状态］，VOCs 物料密闭储存实例见图 1-4-4。

图 1-4-4　VOCs 物料储存应密闭且在专用场地

（2）涉 VOCs 物料转移和输送过程是否密闭（需现场检查）

根据《挥发性有机物无组织排放控制标准》（GB 37822—2019），液态 VOCs 物料应采用密闭管道输送，采用非管道输送方式转移液态 VOCs 物料时，应采用密闭容器、罐车；逐一检查各 VOCs 物料以及含 VOCs 废料（废油墨、废清洗剂、废活性炭、废擦机布）的转移和输送是否满足上述要求。

3. 涉 VOCs 无组织排放

（1）各施工状态下 VOCs 质量占比≥10% 的 VOCs 物料使用过程废气是否收集（资料检查和现场检查相结合）

根据《挥发性有机物无组织排放控制标准》（GB 37822—2019），VOCs 质量占比≥10% 的含 VOCs 产品，其使用过程应采用密闭设备或在密闭空间内操作，废气应排至 VOCs 废气收集处理系统；无法密闭的，应采取局部气体收集措施，废气应排至 VOCs 废气收集处理系统。

逐一检查企业施工（即用）状态下 VOCs 质量占比≥10% 的 VOCs 物料（油墨、稀释剂、清洗剂、涂布液、润版液、胶粘剂、复合胶、上光油、涂料等）调配、制版、供墨、印刷、润版、清洗、干燥、覆膜、复合、涂布（上光）、胶粘等使用过程是否满足上述要求。

（2）废气收集设施效果是否满足要求（需现场检查）

VOCs 废气收集系统应与生产工艺设备同步运行；采用外部集气罩的，距集气罩开口面最远处的 VOCs 无组织排放位置，控制风速不应低于 0.3 m/s；废气收集系统的输送管道应密闭、无破损。逐一检查 VOCs 废气收集系统是否满足上述要求。局部集气罩控制风速的测量位置示意见图 1-4-5 和图 1-4-6。

注：测量点位置应为图中黑点所在位置

图 1-4-5　VOCs 发散源少且固定时外部排风罩控制点位置示意图

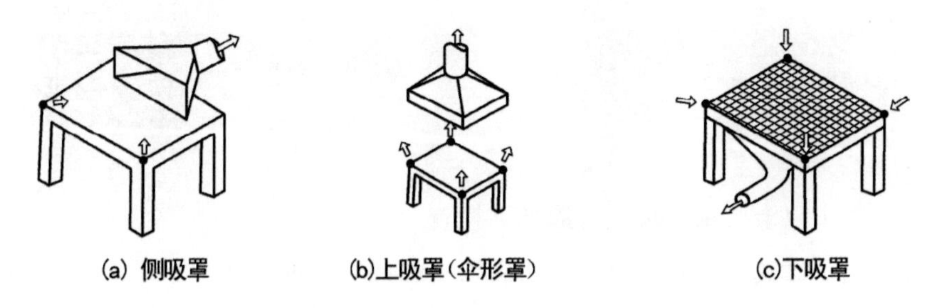

注：测量点位置应为图中黑点所在位置

图 1-4-6　VOCs 发散源多或不固定时外部排风罩控制点位置示意图

4. 涉 VOCs 有组织排放

VOCs 无组织废气收集后转变为有组织排放，执行的排放控制要求有两个方面：

一是排放浓度控制。VOCs 废气收集处理系统有组织排放口主要污染物排放应符合《大气污染物综合排放标准》（GB 16297—1996）或相关行业排放标准、地方标准的规定。

二是处理效率要求。《挥发性有机物无组织排放控制标准》（GB 37822—2019）规定：收集的废气中 NMHC 初始排放速率≥3 kg/h 时，应配置

VOCs 处理设施，处理效率不应低于 80%；对于重点地区，收集的废气中 NMHC 初始排放速率≥2 kg/h 时，应配置 VOCs 处理设施，处理效率不应低于 80%；采用的原辅材料符合国家有关低 VOCs 含量产品规定的除外。

VOCs 有组织排放控制要求见表 1-4-4。

表 1-4-4　VOCs 有组织排放控制要求

NMHC 初始排放速率	使用的 VOCs 物料	排放控制要求	需采取的措施
≥3 kg/h（重点地区 2 kg/h）	未使用符合规定的低 VOCs 含量产品	排放浓度达标 去除效率达标	须安装处理设施，且效率不低于 80%
	全部使用了符合规定的低 VOCs 含量产品	排放浓度达标	收集后浓度超标：须安装处理设施
			收集后浓度不超标：可不安装处理设施
<3 kg/h（重点地区 2 kg/h）	—	排放浓度达标	收集后浓度超标：须安装处理设施
			收集后浓度不超标：可不安装处理设施

基于以上要求，现场开展如下检查。

（1）排放浓度是否达标（资料检查和现场检查相结合）

根据监测报告、自动监测、现场检测等方式，判断对应排气筒的各项大气污染物是否符合《大气污染物综合排放标准》（GB 16297—1996）或相关行业排放标准、地方标准的规定。GB 16297—1996 部分污染物限值如表 1-4-5 所示。

检查时还应关注排气筒是否有旁路稀释排放或直接排放。

表 1-4-5　大气污染物排放限值（节选）

序号	污染物	最高允许排放浓度 /（mg/m^3）
1	苯	12
2	甲苯	40
3	二甲苯	70
4	非甲烷总烃	120

（2）是否安装治理设施及其去除效率是否达标（资料检查和现场检查相结合）

VOCs 治理设施的去除效率可根据监测报告、自动监测、现场检测等方式判断；如监测报告未直接提供去除效率，可根据监测报告进、出口风量和浓度进行计算。

收集的废气 NMHC 初始排放速率可根据监测报告、自动监测、现场检测等方式判断；如监测报告未直接提供 NMHC 排放速率，可根据监测报告风量和浓度的乘积计算。

（3）治理设施与生产设施是否同步运行（需现场检查）

现场可通过对"视频监控治理设施""单独安装治理设施电表""用能监控治理设施""DCS 系统""自动监测系统"等的检查判断治理设施的同步运行率。

（4）治理设施是否正常运行（需现场检查）

现场检查企业治理设施是否正常运行，相关运行参数可参照治理设施技术规范或厂家设计维护手册，检查要点可参考附录 1。

（5）治理设施是否安装自动监测设备并联网验收（需现场检查）

纳入重点排污单位名录、排污许可证有明确要求的以及地方有相关要求的企业，主要排污口应安装自动监测设备，并与地方生态环境主管部门联网。

5. 台账记录情况

（1）是否建立台账记录（主要通过资料检查）

检查企业是否建立生产信息、含 VOCs 原辅材料和废气收集处理设施三个重点环节的台账记录。

（2）台账记录是否规范（主要通过资料检查）

对照表 1-4-6 检查企业台账是否完整，内容是否齐全，记录是否规范。

表 1-4-6　包装印刷行业台账记录要求

重点环节	台账记录要求
生产信息	主要产品印刷量等生产基本信息
含 VOCs 原辅材料	含 VOCs 原辅材料（油墨、稀释剂、清洗剂、润版液、胶粘剂、复合胶、上光油、涂料等）名称及其 VOCs 含量，采购量、使用量、库存量，含 VOCs 原辅材料回收方式及回收量等
废气收集处理设施	废气处理设施进出口的监测数据（废气量、浓度、温度、含氧量等）
	废气收集与处理运行参数
	废气处理设施相关耗材（吸收剂、吸附剂、催化剂、蓄热体等）购买处置记录

五、储油库

（一）适用范围

储油库：指由储油罐组成并通过油罐汽车、铁路罐车、船舶或管道等方式收发（含储存）原油、成品油等油品的排污单位。

具体行业类别：油气仓储（5941）。石化和化工企业内的储油库按照石化和化工行业检查要点进行检查。

2021 年 4 月 1 日后新建企业实施《储油库大气污染物排放标准》（GB 20950—2020），现有企业自 2023 年 1 月 1 日实施该标准。

（二）检查要点

储油库检查方式见表 1-5-1。

表 1-5-1　储油库检查方式一览表

检查环节	检查要点	检查方式	主要法律标准要求
VOCs 物料（含 VOCs 废物料）的储存与输送	储罐、储库、料仓是否完全密闭	需现场检查	《中华人民共和国大气污染防治法》第四十八条
	物料装载是否符合要求	需现场检查	《中华人民共和国大气污染防治法》第四十八条
涉 VOCs 无组织排放	密封点个数≥2 000 个的企业是否开展 LDAR 工作	检查动静密封点台账	《中华人民共和国大气污染防治法》第四十七条
	LDAR 工作是否符合要求	检查动静密封点检测报告	《中华人民共和国大气污染防治法》第四十七条

检查环节	检查要点	检查方式	主要法律标准要求
涉 VOCs 无组织排放	废水集输系统是否符合规定	需现场检查	《中华人民共和国大气污染防治法》第四十八条
	废水储存处理设施是否符合规定	需现场检查	《中华人民共和国大气污染防治法》第四十八条
涉 VOCs 有组织排放	是否安装治理设施	需现场检查	《中华人民共和国大气污染防治法》第四十五条
	治理设施与生产设施是否同步运行	需现场检查	《中华人民共和国大气污染防治法》第四十五条
	治理设施是否正常运行	需现场检查	《中华人民共和国大气污染防治法》第四十五条
	纳入重点排污单位名录、排污许可证明确要求的企业，是否安装自动监测设备并联网验收	需现场检查	《中华人民共和国大气污染防治法》第二十四条
	是否按照标准要求开展定期监测	查看检测报告	《中华人民共和国大气污染防治法》第二十四条
	排放浓度是否达标	根据企业监测报告、自动监测、现场检测等方式判断	《中华人民共和国大气污染防治法》第十八条
	治理设施处理效率是否达标	根据企业监测报告、自动监测、现场检测等方式判断	《储油库大气污染物排放标准》（GB 20950）
台账记录	是否建立台账记录	查看企业台账	《排污许可管理条例》第二十一条
	台账记录是否规范	查看企业台账	《排污许可管理条例》第二十一条
备注：同时涉及《排污许可管理条例》等多部法律要求，参见本书第二部分。			

1. VOCs（含 VOCs 废物料）的储存与输送

（1）储罐、储库、料仓是否完全密闭（需现场检查）

储存原油、汽油应采用浮顶罐。内浮顶罐的浮盘与罐壁之间应采用浸液式密封、机械式鞋形密封等高效密封方式。外浮顶罐的浮盘与罐壁之间应采用双重密封，且一次密封采用浸液式密封、机械式鞋形密封等高效密封方式。

浮顶罐罐体应保持完好，不应有孔洞（通气孔除外）和裂隙。浮盘附件的开口（孔），除采样、计量、例行检查、维护和其他正常活动外，应密闭；浮盘边缘密封不应有破损。支柱、导向装置等储罐附件穿过浮盘时，其套筒底端应插入油品中并采取密封措施。边缘呼吸阀在浮盘处于漂浮状态时应密封良好，并定期检查定压是否符合设定要求。

储存含 VOCs 的固体物料（包括 VOCs 废料）场所应完整，与周围空间阻隔，门窗及其他开口（孔）部位应关闭（人员、车辆、设备、物料进出时，以及依法设立的排气筒、通风口除外）。

（2）物料装载是否符合要求（需现场检查）

现场抽查向汽车罐车发原油是否采用顶部浸没式或底部发油方式，向汽车罐车发送其他油品是否采用底部发油方式；向铁路罐车发油是否采用顶部浸没式或底部发油方式；向油船发油是否采用顶部浸没式发油方式。

顶部浸没式发油：灌装鹤管出口距离罐底高度应小于 200 mm。具体见图 1-5-1。

底部发油：物料通过车辆底部进入罐车。具体见图 1-5-2。

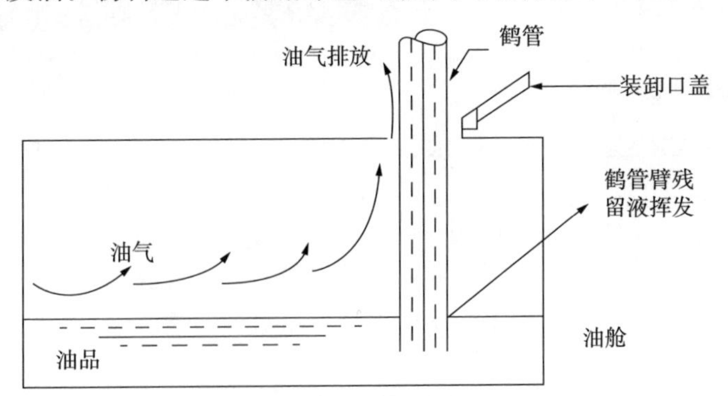

图 1-5-1　顶部浸没式发油示意图

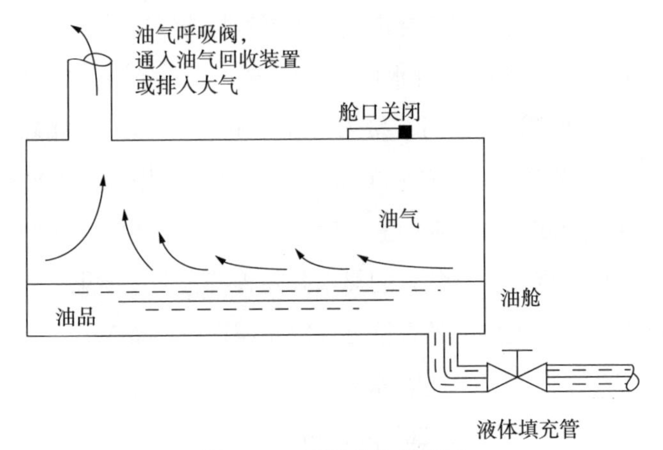

图 1-5-2　底部发油示意图

2. 涉 VOCs 无组织排放

（1）是否开展 LDAR 工作（主要通过资料检查）

依据企业动静密封点台账，动静密封点的检测报告，判断密封点个数≥2 000个的企业是否开展 LDAR 工作。企业如密封点个数少于2 000个，如企业提供证明材料说明本企业密封点个数少于2 000个，可不开展 LDAR 工作。

（2）LDAR 工作是否符合要求（主要通过资料检查）

企业密封点检测频次及相关要求见表 1-5-2。

表 1-5-2　动静密封点检测要求

序号	检测内容	检测频次及相关要求
1	泵、压缩机、阀门、开口阀或开口管线、气体 / 蒸气泄压设备、取样连接系统	每 6 个月 1 次
2	法兰及其他连接件、其他密封设备	每 12 个月 1 次
3	对于直接排放的泄压设备，在非泄压状态下进行泄漏检测。直接排放的泄压设备泄压后，应在泄压之日起 5 个工作日之内，对泄压设备进行泄漏检测	5 天内
4	设备与管线组件初次启用或检维修后，应在 90 天内进行泄漏检测	90 天内

（3）废水集输系统是否符合规定（需现场检查）

现场检查企业含 VOCs 废水的集输系统，集输系统应符合下列规定之一：①采用密闭管道输送时，接入口和排出口与环境空气隔离；②采用沟渠输送时，若敞开液面上方 100 mm 处 VOCs 检测浓度≥200 μmol/mol，重点地区≥100 μmol/mol，应加盖密闭，接入口和排出口采取与环境空气隔离的措施。现场重点抽查装置的集水井是否符合上述要求。

（4）废水储存处理设施是否符合规定（需现场检查）

现场检查企业含 VOCs 废水储存和处理设施，若敞开液面上方 100 mm 处 VOCs 检测浓度≥200 μmol/mol，重点地区≥100 μmol/mol，应符合下列规定之一：①应采用浮动顶盖；②采用固定顶盖时，应收集废气至 VOCs 废气收集处理系统；③采用其他等效措施。

3. 涉 VOCs 有组织排放

（1）是否安装治理设施（需现场检查）

检查企业有机废气处理装置，重点检查储罐环节、油品装载环节、废水治理环节的废气是否安装治理设施。

（2）治理设施与生产设施是否同步运行（需现场检查）

现场可通过“视频监控治理设施”“单独安装治理设施电表”“用能监控治理设施”“DCS 系统”“自动监测系统”等方式判断治理设施的同步运行率。

（3）治理设施是否正常运行（需现场检查）

现场检查企业治理设施是否正常运行，相关运行参数可参照治理设施技术规范或厂家设计维护手册，检查要点可参考附录 1。

（4）是否安装自动监测设备并联网验收（需现场检查）

纳入重点排污单位名录、排污许可证有明确要求的企业，主要排污口应安装自动监测设备，并与地方生态环境主管部门联网。

（5）是否按照标准要求开展定期监测（通过资料检查）

根据《储油库大气污染物排放标准》（GB 20950）要求，现场检查企业是否按照标准要求开展定期监测，企业废气排放口的监测点位、监测项目及监测频次要求见表 1-5-3。

表 1-5-3 储油库废气排放监测点位、监测项目和监测频次

监测点位		监测项目	监测频次
有组织排放源	油气处理装置排气筒进出口浓度（排气筒高度不低于 4 m）	非甲烷总烃	月
无组织排放源	油气收集系统密封点	非甲烷总烃	半年
	底部发油结束断开快速接头泄漏点	油品泄漏量	底部装油结束并断开快接头时检测
企业边界		非甲烷总烃	半年（重点）/ 年（简化）

（6）排放浓度和处理效率是否达标（资料检查和现场检查相结合）

根据企业监测报告、自动监测、现场检测等方式判断油气处理装置排放浓度及处理效率是否满足《储油库大气污染物排放标准》（GB 20950），具体限值见表 1-5-4。地方若有更严格标准，则按照地方标准执行。

表 1-5-4　油气处理装置油气排放限值

名称	限值要求
油气排放浓度 /（g/m^3）	≤25
油气处理效率 /%	≥95
油品泄漏量 /mL	≤10
油气收集系统密封点泄漏检测值 /（μmol/mol）	≤500
企业边界非甲烷总烃浓度值 /（mg/m^3）	≤4

4. 台账记录情况

（1）是否建立台账记录（主要通过资料检查）

现场检查企业是否按照表 1-5-5 进行相关台账记录。重点关注废气收集处理设施台账。

（2）台账记录是否规范（主要通过资料检查）

对照表 1-5-5 检查企业台账是否完整，内容是否齐全，记录是否规范。

表 1-5-5　储油库台账记录要求

重点环节	台账记录要求
基本信息	油品种类、周转量等
密封点	检测方法、检测结果、修复时间、采取的修复措施、修复后检测结果等
收发油	收发油时间、油品种类、数量，油品来源；油气收集系统压力检测时间与结果，修复时间、采取的修复措施等
油气处理装置	进口压力、温度、流量，出口浓度、压力、温度、流量，修复时间、采取的修复措施等；一次性吸附剂更换时间和更换量，再生型吸附剂再生周期、更换情况，废吸附剂储存、处置情况等

六、加油站

（一）适用范围

加油站：指由储油罐、加油机及油枪等组成为机动车添加成品油的排污单位。

针对汽油（包括含醇汽油）油气回收，柴油油气回收不做要求。具体行业类别：机动车燃油零售（5265）。

现有和新建加油站执行《加油站大气污染物排放标准》（GB 20952—2020）具体时间见表 1-6-1。地方排放标准有更严格要求的，从其规定。

表 1-6-1　现有和新建加油站执行时间表

序号	加油站类型	2021 年 4 月 1 日	2022 年 1 月 1 日
1	现有加油站	卸油排放控制	储油、加油排放控制、在线监测系统
2	新建加油站	卸油、储油、加油排放控制	在线监测系统

（二）检查要点

加油站检查方式见表 1-6-2。

表 1-6-2　加油站检查方式一览表

检查环节	检查要点	检查方式	法律标准要求
涉 VOCs 无组织排放	是否安装油气回收型加油枪	需现场检查	《中华人民共和国大气污染防治法》第四十七条
	加油阶段油气回收是否满足要求	需现场检查	《中华人民共和国大气污染防治法》第四十七条
	卸油阶段是否满足要求	需现场检查或查看卸油视频	《中华人民共和国大气污染防治法》第四十七条
	储油阶段是否完全密闭	需现场检查	《中华人民共和国大气污染防治法》第四十七条
油气回收在线监测系统	在线监测系统是否满足要求	需现场检查	《中华人民共和国大气污染防治法》第二十四条
台账记录	是否建立台账记录	查看企业台账	《排污许可管理条例》第二十一条
	台账记录是否规范	查看企业台账	《排污许可管理条例》第二十一条
备注：同时涉及《排污许可管理条例》等多部法律要求，参见本书第二部分。			

1. 涉 VOCs 无组织排放

（1）是否安装油气回收型加油枪（需现场检查）

加油站加油阶段应安装油气回收型加油枪，油气回收型加油枪典型特征为有集气罩和油气回收孔。油气回收型加油枪示例见图 1-6-1。

图 1-6-1　油气回收型加油枪

（2）加油阶段油气回收是否满足要求（需现场检查）

现场检查加油枪集气罩是否破损、加油过程集气罩是否紧密贴在汽车油箱加油口；是否采用真空辅助方式密闭收集加油油气，加油时油气回收泵是否正常工作。

加油机是否建设有油气回收铜管，油气回收铜管上的开关是否处于常开状态，检测口开关是否处于常关状态；加油油气回收系统气液比、液阻和密闭性是否合格（查看检测报告或现场使用油气回收三项检测仪检测）。加油阶段油气回收部件示例见图 1-6-2。

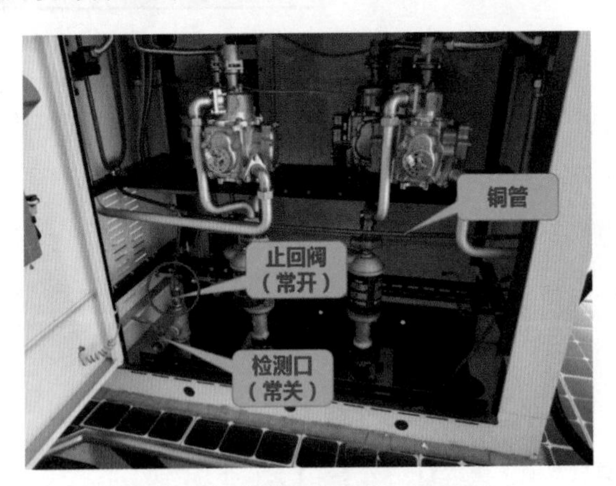

图 1-6-2　加油阶段油气回收部件

（3）卸油阶段是否满足要求（需现场检查）

卸油和油气回收接口是否安装截流阀（或密封式快速接头）和帽盖。

卸油全过程是否在视频监控下进行，视频角度是否能观测到两根软管的连接状况；现场或通过卸油视频检查卸油时是否连接油气回收软管；现场使用便携检测仪器检查卸油口、油气回收口及相关管路是否有漏气现象。卸油阶段油气回收示意见图 1-6-3。

（4）储油阶段是否完全密闭（需现场检查）

埋地油罐是否安装电子式液位计进行油气密闭测量，是否存在人工量油。

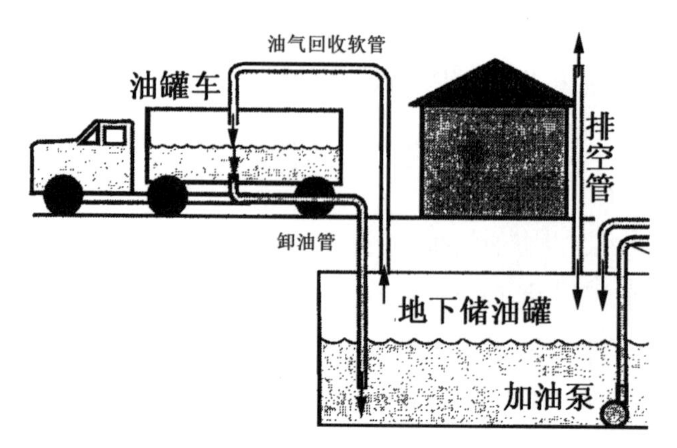

图 1-6-3 卸油阶段油气回收示意图

汽油储罐通气管管口是否设置压力 / 真空阀。通气管安装压力 / 真空阀的，手动阀门应保持常开；未安装压力 / 真空阀的，手动阀门应保持常闭。真空 / 压力阀示意见图 1-6-4。

图 1-6-4 真空 / 压力阀示意图

现场使用氢火焰离子化检测仪（以甲烷或丙烷为校准气体）检测油气回收系统密闭点位，油气泄漏检测值是否小于等于 500 μmol/mol；使用红外摄像方式检测油气回收系统密闭点位时，不应有油气泄漏。

现场通过检测报告检查加油站企业边界油气浓度无组织排放限值是否满足要求。以非甲烷总烃计，监控点处 1 小时平均浓度值不超过 4.0 mg/m^3。

油气处理装置应正常运行，启动运行的压力感应值宜设在 +150 Pa，停止运行的压力感应值宜设在 0～50 Pa。油气处理装置排气口距地平面高度不应小于 4 m，油气排放浓度 1 小时平均浓度值应小于等于 25 g/m^3。

2. 油气回收在线监测系统

现场检查 2022 年 1 月 1 日后依法被确定为重点排污单位的加油站是否安装在线监测系统。已安装在线监测系统的，现场检查以下内容。

在线监测系统能否监测每条加油枪气液比和油气回收系统压力，是否具备 1 年以上的数据储存能力。

在线监测系统能否监测油气处理装置进出口的压力、油气温度（冷凝法）、实时运行情况和运行时间等。

在线监测系统每年是否进行不少于 1 次的校准检测。

3. 台账记录

（1）是否建立台账记录（主要通过资料检查）

现场检查企业是否按照表 1-6-3 进行相关台账记录。重点关注加油过程和油气处理装置台账。

（2）台账记录是否规范（主要通过资料检查）

现场对照表 1-6-3 检查企业台账是否完整，内容是否齐全，记录是否规范。

表 1-6-3　加油站台账记录要求

重点环节	台账记录要求
基本信息	油品种类、周转量等
加油过程	气液比检测时间与结果，修复时间、采取的修复措施等；油气回收系统管线液阻检测时间与结果，修复时间、采取的修复措施等；油气回收系统密闭性检测时间与结果，修复时间、采取的修复措施等
卸油过程	卸油时间、油品种类、油品来源、卸油量、卸油方式等
油气处理装置	一次性吸附剂更换时间和更换量，再生型吸附剂再生周期、更换情况，废吸附剂储存、处置情况等

第二部分

涉 VOCs 排放企业现场检查常见问题及法律适用

序号	环节	表现形式	主要适用法律	备注
1	源头削减	工业涂装企业未使用低挥发性有机物含量的涂料	义务：《中华人民共和国大气污染防治法》第四十六条　工业涂装企业应当使用低挥发性有机物含量的涂料，并建立台账，记录生产原料、辅料的使用量、废弃量、去向以及挥发性有机物含量。台账保存期限不得少于三年 责任：《中华人民共和国大气污染防治法》第一百零八条第二项　违反本法规定，有下列行为之一的，由县级以上人民政府生态环境主管部门责令改正，处二万元以上二十万元以下的罚款；拒不改正的，责令停产整治：（二）工业涂装企业未使用低挥发性有机物含量涂料或者未建立、保存台账的	
2	VOCs 物料的储存	石油、化工、制药等企业储存 VOCs 物料和产品的容器、包装袋、储库、料仓未采取密闭或其他有效措施，控制、减少气态污染物排放的	义务：《中华人民共和国大气污染防治法》第四十八条　钢铁、建材、有色金属、石油、化工、制药、矿产开采等企业，应当加强精细化管理，采取集中收集处理等措施，严格控制粉尘和气态污染物的排放 工业生产企业应当采取密闭、围挡、遮盖、清扫、洒水等措施，减少内部物料的堆存、传输、装卸等环节产生的粉尘和气态污染物的排放 责任：《中华人民共和国大气污染防治法》第一百零八条第五项　违反本法规定，有下列行为之一的，由县级以上人民政府生态环境主管部门责令改正，处二万元以上二十万元以下的罚款；拒不改正的，责令停产整治：（五）钢铁、建材、有色金属、石油、化工、制药、矿产开采等企业，未采取集中收集处理、密闭、围挡、遮盖、清扫、洒水等措施，控制、减少粉尘和气态污染物排放的	若未密闭或未安装治理措施的同时，存在超标排放 VOCs 的违法行为，则可能同时符合第 14 类表现形式，对于构成犯罪的，依法追究刑事责任
3	VOCs 物料的转移与输送	石油、化工、制药等企业，涉 VOCs 物料转移、装载过程未采取密闭或其他有效措施，控制、减少气态污染物排放的		
4	敞开液面 VOCs 无组织控制	石油、化工、制药等企业，废水集输处理处置不符合规定（除安全生产因素影响外）		

序号	环节	表现形式	主要适用法律	备注
5	VOCs 物料储存、转移与输送	未按照规定开展浮盘检查	义务：《中华人民共和国大气污染防治法》第四十七条第一款　石油、化工以及其他生产和使用有机溶剂的企业，应当采取措施对管道、设备进行日常维护、维修，减少物料泄漏，对泄漏的物料应当及时收集处理 责任：《中华人民共和国大气污染防治法》第一百零八条第三项　违反本法规定，有下列行为之一的，由县级以上人民政府生态环境主管部门责令改正，处二万元以上二十万元以下的罚款；拒不改正的，责令停产整治：（三）石油、化工以及其他生产和使用有机溶剂的企业，未采取措施对管道、设备进行日常维护、维修，减少物料泄漏或者对泄漏的物料未及时收集处理的	1. 石油、化工以及其他生产和使用有机溶剂的企业，未采取措施对管道、设备进行日常维护、维修，减少物料泄漏，对泄漏的物料未及时收集处理。例如未按照《挥发性有机物无组织排放控制标准》（GB 37822—2019）9.3 要求每 6 个月对循环冷却水系统 TOC 进行检测，并对泄漏源进行修复；未按期开展 LDAR 工作；未开展浮盘检查等； 2. 若存在超标排放 VOCs 的违法行为，则可能同时符合第 14 类表现形式，也可能涉及刑事责任
6	敞开液面 VOCs 无组织控制	开式循环冷却水监测修复不到位		
7	设备与管线组件 VOCs 泄漏控制	未按照规定开展 LDAR 工作		
8	VOCs 无组织排放	未按照排污许可证规定控制大气污染物无组织排放	义务：《排污许可管理条例》第十七条　排污许可证是对排污单位进行生态环境监管的主要依据 排污单位应当遵守排污许可证规定，按照生态环境管理要求运行和维护污染防治设施，建立环境管理制度，严格控制污染物排放 责任：《排污许可管理条例》第三十五条第一项　违反本条例规定，排污单位有下列行为之一的，由生态环境主管部门责令改正，处 5 万元以上 20 万元以下的罚款；情节严重的，处 20 万元以上 100 万元以下的罚款，责令限制生产、停产整治： （一）未按照排污许可证规定控制大气污染物无组织排放	

序号	环节	表现形式	主要适用法律	备注
9	工艺过程VOCs无组织排放	加油站或储油设施等未按规定安装或未正常使用回收性加油枪、回收性加油枪不满足要求	义务：《中华人民共和国大气污染防治法》第四十七条第二款　储油储气库、加油加气站、原油成品油码头、原油成品油运输船舶和油罐车、气罐车等，应当按照国家有关规定安装油气回收装置并保持正常使用 责任：《中华人民共和国大气污染防治法》第一百零八条第四项　违反本法规定，有下列行为之一的，由县级以上人民政府生态环境主管部门责令改正，处二万元以上二十万元以下的罚款；拒不改正的，责令停产整治：（四）储油储气库、加油加气站和油罐车、气罐车等，未按照国家有关规定安装并正常使用油气回收装置的	若存在超标排放VOCs的违法行为，则可能同时符合第**14**类表现形式，也可能涉及刑事责任
10	工艺过程VOCs无组织排放	产生含VOCs的生产或服务活动，未在密闭空间或者设备中进行，未按照规定安装污染防治设施的；无法密闭的未采取有效措施减少废气排放	义务：《中华人民共和国大气污染防治法》第四十五条　产生含挥发性有机物废气的生产和服务活动，应当在密闭空间或者设备中进行，并按照规定安装、使用污染防治设施；无法密闭的，应当采取措施减少废气排放 责任：《中华人民共和国大气污染防治法》第一百零八条第一项　违反本法规定，有下列行为之一的，由县级以上人民政府生态环境主管部门责令改正，处二万元以上二十万元以下的罚款；拒不改正的，责令停产整治：（一）产生含挥发性有机物废气的生产和服务活动，未在密闭空间或者设备中进行，未按照规定安装、使用污染防治设施，或者未采取减少废气排放措施的	**1.** 若未密闭或未安装治理措施的同时，存在超标排放VOCs的违法行为，则可能同时符合第**14**类表现形式，也可能涉及刑事责任； **2.** 若要求密闭，同时应保证符合安全生产的规定，如《工贸企业有限空间作业安全管理与监督暂行规定》第**12**条、第**15**条、第**30**条和《国家安全监管总局办公厅关于开展工贸企业有限空间作业条件确认工作的通知》第**2**条； **3.** 若未按照环评要求安装的，可能涉及违反《中华人民共和国环境影响评价法》《建设项目环境保护管理条例》等法律法规
11	VOCs废气收集处理系统	废气收集设施效果不满足要求		

序号	环节	表现形式	主要适用法律	备注
12	VOCs 废气收集处理系统	处理设施去除效率不达标，例如按照《挥发性有机物无组织排放控制标准》，收集的废气 NMHC 初始排放速率≥3 kg/h（重点地区收集的废气 NMHC 初始排放速率≥2 kg/h），VOCs 处理设施的处理效率低于 **80%**	义务：《中华人民共和国大气污染防治法》第四十五条　产生含挥发性有机物废气的生产和服务活动，应当在密闭空间或者设备中进行，并按照规定安装、使用污染防治设施；无法密闭的，应当采取措施减少废气排放 责任：《中华人民共和国大气污染防治法》第一百零八条第一项　违反本法规定，有下列行为之一的，由县级以上人民政府生态环境主管部门责令改正，处二万元以上二十万元以下的罚款；拒不改正的，责令停产整治：（一）产生含挥发性有机物废气的生产和服务活动，未在密闭空间或者设备中进行，未按照规定安装、使用污染防治设施，或者未采取减少废气排放措施的	1. 若存在超标排放 VOCs 的违法行为，则可能同时符合第 14 类表现形式，或涉及严重污染环境的刑事责任； 2. 若存在以故意闲置或不正常运行大气污染防治设施等逃避监管的方式排放大气污染物的，如钢材预处理采用过滤棉 + 活性炭，但长期未使用，废气在收集管道旁路外排等，则属于第 13 类，也可能涉及刑事责任； 3. 若未按照环评要求收集、处理不满足要求的，可能涉及违反《中华人民共和国环境影响评价法》《建设项目环境保护管理条例》等法律法规

序号	环节	表现形式	主要适用法律	备注
13	VOCs 废气收集处理系统	未按规定使用 VOCs 处理设施 以不正常运行 VOCs 防治设施等逃避监管的方式排放 VOCs	**第一种情形：未按规定使用 VOCs 处理设施** 义务：《中华人民共和国大气污染防治法》第四十五条　产生含挥发性有机物废气的生产和服务活动，应当在密闭空间或者设备中进行，并按照规定安装、使用污染防治设施；无法密闭的，应当采取措施减少废气排放 责任：《中华人民共和国大气污染防治法》第一百零八条第一项　违反本法规定，有下列行为之一的，由县级以上人民政府生态环境主管部门责令改正，处二万元以上二十万元以下的罚款；拒不改正的，责令停产整治：（一）产生含挥发性有机物废气的生产和服务活动，未在密闭空间或者设备中进行，未按照规定安装、使用污染防治设施，或者未采取减少废气排放措施的 **第二种情形：生产运营企业以不正常运行 VOCs 防治设施等逃避监管的方式排放 VOCs** 义务：《中华人民共和国大气污染防治法》第二十条第二款　禁止通过偷排、篡改或者伪造监测数据、以逃避现场检查为目的的临时停产、非紧急情况下开启应急排放通道、不正常运行大气污染防治设施等逃避监管的方式排放大气污染物 责任：《中华人民共和国大气污染防治法》第九十九条第三项　违反本法规定，有下列行为之一的，由县级以上人民政府生态环境主管部门责令改正或者限制生产、停产整治，并处十万元以上一百万元以下的罚款；情节严重的，报经有批准权的人民政府批准，责令停业、关闭：（三）通过逃避监管的方式排放大气污染物的 义务：《排污许可管理条例》第十七条　排污许可证是对排污单位进行生态环境监管的主要依据	1. 需先确认企业是否正常生产； 2. 适用第二种情形的前提是，行为人有主观故意，可以从客观表象推断。这一行为可能同时涉及刑事责任

序号	环节	表现形式	主要适用法律	备注
13	VOCs 废气收集处理系统	以不正常运行 VOCs 防治设施等逃避监管的方式排放 VOCs 未按规定使用 VOCs 处理设施	排污单位应当遵守排污许可证规定，按照生态环境管理要求运行和维护污染防治设施，建立环境管理制度，严格控制污染物排放。 责任：《排污许可管理条例》第三十四条第二项　违反本条例规定，排污单位有下列行为之一的，由生态环境主管部门责令改正或者限制生产、停产整治，处 **20** 万元以上 **100** 万元以下的罚款；情节严重的，吊销排污许可证，报经有批准权的人民政府批准，责令停业、关闭：（二）通过暗管、渗井、渗坑、灌注或者篡改、伪造监测数据，或者不正常运行污染防治设施等逃避监管的方式违法排放污染物。 《排污许可管理条例》第四十四条第二项　排污单位有下列行为之一，尚不构成犯罪的，除依照本条例规定予以处罚外，对其直接负责的主管人员和其他直接责任人员，依照《中华人民共和国环境保护法》的规定处以拘留：（二）通过暗管、渗井、渗坑、灌注或者篡改、伪造监测数据，或者不正常运行污染防治设施等逃避监管的方式违法排放污染物 《中华人民共和国环境保护法》第六十三条第三项　企业事业单位和其他生产经营者有下列行为之一，尚不构成犯罪的，除依照有关法律法规规定予以处罚外，由县级以上人民政府环境保护主管部门或者其他有关部门将案件移送公安机关，对其直接负责的主管人员和其他直接责任人员，处十日以上十五日以下拘留；情节较轻的，处五日以上十日以下拘留：（三）通过暗管、渗井、渗坑、灌注或者篡改、伪造监测数据，或者不正常运行防治污染设施等逃避监管的方式违法排放污染物的。	1. 需先确认企业是否正常生产； 2. 适用第二种情形的前提是，行为人有主观故意，可以从客观表象推断。这一行为可能同时涉及刑事责任

序号	环节	表现形式	主要适用法律	备注
14	VOCs 废气排放	污染物超标排放； 超过许可排放浓度、许可排放量； 特殊时段未按照排污许可证规定停止或者限制排放污染物	义务：《中华人民共和国大气污染防治法》第十八条 企业事业单位和其他生产经营者建设对大气环境有影响的项目，应当依法进行环境影响评价、公开环境影响评价文件；向大气排放污染物的，应当符合大气污染物排放标准，遵守重点大气污染物排放总量控制要求 责任：《中华人民共和国大气污染防治法》第九十九条第二项 违反本法规定，有下列行为之一的，由县级以上人民政府生态环境主管部门责令改正或者限制生产、停产整治，并处十万元以上一百万元以下的罚款；情节严重的，报经有批准权的人民政府批准，责令停业、关闭：（二）超过大气污染物排放标准或者超过重点大气污染物排放总量控制指标排放大气污染物的 义务：《排污许可管理条例》第十七条　排污许可证是对排污单位进行生态环境监管的主要依据 排污单位应当遵守排污许可证规定，按照生态环境管理要求运行和维护污染防治设施，建立环境管理制度，严格控制污染物排放 责任：《排污许可管理条例》第三十四条第一项　违反本条例规定，排污单位有下列行为之一的，由生态环境主管部门责令改正或者限制生产、停产整治，处 **20** 万元以上 **100** 万元以下的罚款；情节严重的，吊销排污许可证，报经有批准权的人民政府批准，责令停业、关闭：（一）超过许可排放浓度、许可排放量排放污染物 《排污许可管理条例》第三十五条第二项　违反本条例规定，排污单位有下列行为之一的，由生态环境主管部门责令改正，处 **5** 万元以上 **20** 万元以下的罚款；情节严重的，处 **20** 万元以上 **100** 万元以下的罚款，责令限制生产、停产整治：（二）特殊时段未按照排污许可证规定停止或者限制排放污染物	

序号	环节	表现形式	主要适用法律	备注
15	自行监测要求	未对工业废气进行监测、保存原始监测记录； 未提供能够证明去除效率是否达标的监测报告	义务：《中华人民共和国大气污染防治法》第二十四条第一款 企业事业单位和其他生产经营者应当按照国家有关规定和监测规范，对其排放的工业废气和本法第七十八条规定名录中所列有毒有害大气污染物进行监测，并保存原始监测记录。其中，重点排污单位应当安装、使用大气污染物排放自动监测设备，与生态环境主管部门的监控设备联网，保证监测设备正常运行并依法公开排放信息。监测的具体办法和重点排污单位的条件由国务院生态环境主管部门规定 责任：《中华人民共和国大气污染防治法》第一百条第二项 违反本法规定，有下列行为之一的，由县级以上人民政府生态环境主管部门责令改正，处二万元以上二十万元以下的罚款；拒不改正的，责令停产整治：（二）未按照规定对所排放的工业废气和有毒有害大气污染物进行监测并保存原始监测记录的 义务：《排污许可管理条例》第十九条　排污单位应当按照排污许可证规定和有关标准规范，依法开展自行监测，并保存原始监测记录。原始监测记录保存期限不得少于5年 排污单位应当对自行监测数据的真实性、准确性负责，不得篡改、伪造 责任：《排污许可管理条例》第三十六条第五项、第六项　违反本条例规定，排污单位有下列行为之一的，由生态环境主管部门责令改正，处2万元以上20万元以下的罚款；拒不改正的，责令停产整治 （五）未按照排污许可证规定制定自行监测方案并开展自行监测 （六）未按照排污许可证规定保存原始监测记录	

序号	环节	表现形式	主要适用法律	备注
16	自动监测设备要求	未安装自动监测设备并联网 / 自动监测设备不正常运行（重点排污单位 / 排污许可证规定安装单位） 侵占、损毁或者擅自移动、改变污染物排放自动监测设备（重点排污单位）； 损毁或者擅自移动、改变污染物排放自动监测设备（排污许可证规定安装单位）； 发现污染物排放自动监测设备传输数据异常或者污染物排放超过污染物排放标准等异常情况不报告（排污许可证规定安装单位）	义务：《中华人民共和国大气污染防治法》第二十四条　企业事业单位和其他生产经营者应当按照国家有关规定和监测规范，对其排放的工业废气和本法第七十八条规定名录中所列有毒有害大气污染物进行监测，并保存原始监测记录。其中，重点排污单位应当安装、使用大气污染物排放自动监测设备，与生态环境主管部门的监控设备联网，保证监测设备正常运行并依法公开排放信息。监测的具体办法和重点排污单位的条件由国务院生态环境主管部门规定 重点排污单位名录由设区的市级以上地方人民政府生态环境主管部门按照国务院生态环境主管部门的规定，根据本行政区域的大气环境承载力、重点大气污染物排放总量控制指标的要求以及排污单位排放大气污染物的种类、数量和浓度等因素，商有关部门确定，并向社会公布 《中华人民共和国大气污染防治法》第二十六条　禁止侵占、损毁或者擅自移动、改变大气环境质量监测设施和大气污染物排放自动监测设备 责任：《中华人民共和国大气污染防治法》第一百条第一项、第三项　违反本法规定，有下列行为之一的，由县级以上人民政府生态环境主管部门责令改正，处二万元以上二十万元以下的罚款；拒不改正的，责令停产整治：（一）侵占、损毁或者擅自移动、改变大气环境质量监测设施或者大气污染物排放自动监测设备的 （三）未按照规定安装、使用大气污染物排放自动监测设备或者未按照规定与生态环境主管部门的监控设备联网，并保证监测设备正常运行的	

序号	环节	表现形式	主要适用法律	备注
16	自动监测设备要求	未安装自动监测设备并联网/自动监测设备不正常运行（重点排污单位/排污许可证规定安装单位） 侵占、损毁或者擅自移动、改变污染物排放自动监测设备（重点排污单位）； 损毁或者擅自移动、改变污染物排放自动监测设备（排污许可证规定安装单位）； 发现污染物排放自动监测设备传输数据异常或者污染物排放超过污染物排放标准等异常情况不报告（排污许可证规定安装单位）	义务：《排污许可管理条例》第二十条第二款　实行排污许可重点管理的排污单位，应当依法安装、使用、维护污染物排放自动监测设备，并与生态环境主管部门的监控设备联网 排污单位发现污染物排放自动监测设备传输数据异常的，应当及时报告生态环境主管部门，并进行检查、修复 责任：《排污许可管理条例》第三十六条第三项、第四项、第八项　违反本条例规定，排污单位有下列行为之一的，由生态环境主管部门责令改正，处 **2** 万元以上 **20** 万元以下的罚款；拒不改正的，责令停产整治：（三）损毁或者擅自移动、改变污染物排放自动监测设备 （四）未按照排污许可证规定安装、使用污染物排放自动监测设备并与生态环境主管部门的监控设备联网，或者未保证污染物排放自动监测设备正常运行 （八）发现污染物排放自动监测设备传输数据异常或者污染物排放超过污染物排放标准等异常情况不报告	

序号	环节	表现形式	主要适用法律	备注
17	台账记录	工业涂装企业 / 排污单位未建立台账、未保存台账	义务：《中华人民共和国大气污染防治法》第四十六条　工业涂装企业应当使用低挥发性有机物含量的涂料，并建立台账，记录生产原料、辅料的使用量、废弃量、去向以及挥发性有机物含量。台账保存期限不得少于三年 责任：《中华人民共和国大气污染防治法》第一百零八条第二项　违反本法规定，有下列行为之一的，由县级以上人民政府生态环境主管部门责令改正，处二万元以上二十万元以下的罚款；拒不改正的，责令停产整治：（二）工业涂装企业未使用低挥发性有机物含量涂料或者未建立、保存台账的 义务：《排污许可管理条例》第二十一条　排污单位应当建立环境管理台账记录制度，按照排污许可证规定的格式、内容和频次，如实记录主要生产设施、污染防治设施运行情况以及污染物排放浓度、排放量。环境管理台账记录保存期限不得少于5年 排污单位发现污染物排放超过污染物排放标准等异常情况时，应当立即采取措施消除、减轻危害后果，如实进行环境管理台账记录，并报告生态环境主管部门，说明原因。超过污染物排放标准等异常情况下的污染物排放计入排污单位的污染物排放量 责任：《排污许可管理条例》第三十七条第一项、第二项　违反本条例规定，排污单位有下列行为之一的，由生态环境主管部门责令改正，处每次5千元以上2万元以下的罚款；法律另有规定的，从其规定：（一）未建立环境管理台账记录制度，或者未按照排污许可证规定记录 （二）未如实记录主要生产设施及污染防治设施运行情况或者污染物排放浓度、排放量	

序号	环节	表现形式	主要适用法律	备注
18	工业 固体废物	含 VOCs 的工业固体废物在收集、贮存、运输、利用和处置等环节未采取防范措施造成大气污染	义务:《中华人民共和国固体废物污染环境防治法》第二十条第一款　产生、收集、贮存、运输、利用、处置固体废物的单位和其他生产经营者，应当采取防扬散、防流失、防渗漏或者其他防止污染环境的措施，不得擅自倾倒、堆放、丢弃、遗撒固体废物 责任: 1. 工业固体废物《中华人民共和国固体废物污染环境防治法》第一百零二条第七项第一款　违反本法规定，有下列行为之一，由生态环境主管部门责令改正，处以罚款，没收违法所得；情节严重的，报经有批准权的人民政府批准，可以责令停业或者关闭:（七）擅自倾倒、堆放、丢弃、遗撒工业固体废物，或者未采取相应防范措施，造成工业固体废物扬散、流失、渗漏或者其他环境污染的 有前款第七项行为，处所需处置费用一倍以上三倍以下的罚款，所需处置费用不足十万元的，按十万元计算 2. 危险废物:《中华人民共和国固体废物污染环境防治法》第一百一十二条第一款第十项　违反本法规定，有下列行为之一，由生态环境主管部门责令改正，处以罚款，没收违法所得；情节严重的，报经有批准权的人民政府批准，可以责令停业或者关闭:（十）未采取相应防范措施，造成危险废物扬散、流失、渗漏或者其他环境污染的 有前款第十项行为，处所需处置费用三倍以上五倍以下的罚款，所需处置费用不足二十万元的，按二十万元计算	因含 VOCs 的工业固体废物在产生、收集、贮存、运输、利用和处置等环节引发的大气污染违法行为，可能同时违反《中华人民共和国大气污染防治法》和《中华人民共和国固体废物污染环境防治法》时，应依据《中华人民共和国行政处罚法》(**2021** 年修订，自 **2021** 年 **7** 月 **15** 日起施行）第二十九条“对当事人的同一个违法行为，不得给予两次以上罚款的行政处罚。同一个违法行为违反多个法律规范应当给予罚款处罚的，按照罚款数额高的规定处罚。”

序号	环节	表现形式	主要适用法律	备注
18	工业 固体废物	含 VOCs 的工业固体废物在收集、贮存、运输、利用和处置等环节未采取防范措施造成大气污染	**3**. 行政拘留： 《中华人民共和国固体废物污染环境防治法》第一百二十条第六项　违反本法规定，有下列行为之一，尚不构成犯罪的，由公安机关对法定代表人、主要负责人、直接负责的主管人员和其他责任人员处十日以上十五日以下的拘留；情节较轻的，处五日以上十日以下的拘留：（六）未采取防范措施，造成危险废物扬散、流失、渗漏或者其他严重后果的	
19	排放口	污染物排放口位置或者数量不符合排污许可证规定； 污染物排放方式或者排放去向不符合排污许可证规定	义务：《排污许可管理条例》第十八条　排污单位应当按照生态环境主管部门的规定建设规范化污染物排放口，并设置标志牌 污染物排放口位置和数量、污染物排放方式和排放去向应当与排污许可证规定相符 实施新建、改建、扩建项目和技术改造的排污单位，应当在建设污染防治设施的同时，建设规范化污染物排放口 责任：《排污许可管理条例》第三十六条第一项、第二项　违反本条例规定，排污单位有下列行为之一的，由生态环境主管部门责令改正，处 **2** 万元以上 **20** 万元以下的罚款；拒不改正的，责令停产整治：（一）污染物排放口位置或者数量不符合排污许可证规定 （二）污染物排放方式或者排放去向不符合排污许可证规定	

序号	环节	表现形式	主要适用法律	备注
20	其他	拒不接受监督检查，或者在接受监督检查时弄虚作假	义务：《中华人民共和国大气污染防治法》第二十九条　生态环境主管部门及其环境执法机构和其他负有大气环境保护监督管理职责的部门，有权通过现场检查监测、自动监测、遥感监测、远红外摄像等方式，对排放大气污染物的企业事业单位和其他生产经营者进行监督检查。被检查者应当如实反映情况，提供必要的资料。实施检查的部门、机构及其工作人员应当为被检查者保守商业秘密 责任：《中华人民共和国大气污染防治法》第九十八条　违反本法规定，以拒绝进入现场等方式拒不接受生态环境主管部门及其环境执法机构或者其他负有大气环境保护监督管理职责的部门的监督检查，或者在接受监督检查时弄虚作假的，由县级以上人民政府生态环境主管部门或者其他负有大气环境保护监督管理职责的部门责令改正，处二万元以上二十万元以下的罚款；构成违反治安管理行为的，由公安机关依法予以处罚 义务：《排污许可管理条例》第二十六条第一款　排污单位应当配合生态环境主管部门监督检查，如实反映情况，并按照要求提供排污许可证、环境管理台账记录、排污许可证执行报告、自行监测数据等相关材料 责任：《排污许可管理条例》第三十九条　排污单位拒不配合生态环境主管部门监督检查，或者在接受监督检查时弄虚作假的，由生态环境主管部门责令改正，处 2 万元以上 20 万元以下的罚款	按照《中华人民共和国治安管理处罚法》第五十条第二项“阻碍国家机关工作人员依法执行职务的，处警告或者二百元以下罚款；情节严重的，处五日以上十日以下拘留，可以并处五百元以下罚款。”的规定，以暴力、威胁方法阻碍国家机关工作人员依法执行职务的，涉及刑事责任

附录 1

主要治理设施现场检查参考表

治理设施	检查内容	相关要求	性质	依据
吸附床（含活性炭吸附法）	吸附温度	进入吸附装置的废气温度宜低于 40℃	关键指标	《吸附法工业有机废气治理工程技术规范》（HJ 2026—2013）
	流速	采用颗粒状吸附剂时，气体流速宜低于 0.6 m/s； 采用纤维状吸附剂时，气体流速宜低于 0.15 m/s； 采用蜂窝状吸附剂时，气体流速宜低于 1.2 m/s	关键指标	
	颗粒物含量	进入吸附装置的颗粒物含量宜低于 1 mg/m^3	参考指标	
	压力损失	采用纤维状吸附剂时，吸附单元的压力损失宜低于 4 kPa； 采用其他形状吸附剂时，吸附单元的压力损失宜低于 2.5 kPa	参考指标	
	脱附温度	当使用水蒸气再生时，水蒸气温度宜低于 140℃； 当使用热空气再生时，对于活性炭和活性炭纤维，热气流温度应低于 120℃；对于分子筛吸附剂，宜低于 200℃	参考指标	
催化燃烧	温度	进入催化燃烧装置的废气温度宜低于 400℃； 催化床预热温度一般在 250～350℃，工作温度低于 700℃	关键指标	《催化燃烧法工业有机废气治理工程技术规范》（HJ 2027—2013） 《环境保护产品技术要求　工业有机废气催化净化装置》（HJ/T 389—2007）
	颗粒物含量	进入催化燃烧装置的颗粒物含量宜低于 10 mg/m^3	参考指标	
	压力损失	应低于 2 kPa	参考指标	
	换向阀泄漏率	应低于 0.2%	参考指标	
蓄热燃烧	燃烧温度	应高于 760℃，自动控制系统应具有自动记录温度变化曲线的功能以备查	关键指标	《蓄热燃烧法工业有机废气治理工程技术规范》（HJ 1093—2020） 《工业有机废气蓄热热力燃烧装置标准》（JB/T 13734—2019）
	进出口气体温差	不宜大于 60℃	关键指标	
	颗粒物含量	进入蓄热燃烧装置的颗粒物含量宜低于 5 mg/m^3	参考指标	

治理设施	检查内容	相关要求	性质	依据
蓄热燃烧	燃烧室停留时间	不宜低于 0.75 s	参考指标	《蓄热燃烧法工业有机废气治理工程技术规范》（HJ 1093—2020） 《工业有机废气蓄热热力燃烧装置标准》（JB/T 13734—2019）
	热回收效率	不低于 90%	参考指标	
	蓄热室截面风速	不宜大于 2 m/s	参考指标	
	压力损失	宜低于 3 kPa	参考指标	
	换向阀换向时间	固定式蓄热燃烧装置宜为 60～180 s； 旋转式蓄热燃烧装置宜为 30～120 s	参考指标	
蓄热催化燃烧	废气浓度	进入 RCO 的有机废气中可燃气体最高允许浓度应低于最易爆组分或混合气体爆炸下限（LEL）的 25%	关键指标	《工业有机废气蓄热催化燃烧装置标准》（JB/T 13733—2019）
	运行温度	宜为 250～500℃	关键指标	
	设计空速	宜为 10 000～40 000 h^{-1}	关键指标	
	升温速率	应为 5～10℃ /min	关键指标	
	颗粒物含量	进入 RCO 的有机废气颗粒物浓度应低于 10 mg/m^3	参考指标	
	热回收效率	不小于 85%	参考指标	
	压力损失	不小于 4 000 Pa	参考指标	
	设备表面温度	RCO 本体表面温度与环境温度之差不大于 40℃	参考指标	
冷却器 / 冷凝器	溶剂回收量	回收量变少，冷凝效果变差；回收量变化率大，设施运行不稳定	关键指标	—
	冷却介质流量和压力	冷却介质流量低、压力低，说明冷却 / 冷凝效果差	参考指标	
	出口温度与冷却介质进口温度的差值	差值越小，说明冷却 / 冷凝效果越差	参考指标	

治理设施	检查内容	相关要求	性质	依据
洗涤器/吸收塔	空塔停留时间	一般要求大于 0.5 s	关键指标	—
	压力损失	宜低于 2 kPa	参考指标	《环境保护产品技术要求　工业废气吸收净化装置》（HJ/T 387—2007）
	氧化还原电位（ORP）值	对于氧化反应类吸收塔，ORP 值应与工程设计值接近，且保持稳定	参考指标	—
	pH	对于酸碱性控制类吸收塔，pH 应与工程设计值接近，且保持稳定	参考指标	
	空塔气速	填料塔空塔气速一般为 0.5～1.2 m/s，筛板塔通常为 1～3.5 m/s，湍球塔为 1.5～6 m/s 左右，鼓泡塔为 0.2～3.5 m/s，喷淋塔为 0.5～2 m/s	参考指标	
生物处理系统	填料温度	一般嗜温型微生物的最适生长温度在 25～43℃	关键指标	—
	空塔停留时间	一般要求大于 9 s	关键指标	
	湿度	微生物比较适宜的生长湿度为 40%～60%	参考指标	
	营养物质	一般 BOD：N：P 的比例为 100：5：1	参考指标	
	pH	大多数微生物对 pH 的适应范围为 4～10	参考指标	

附录 2

VOCs 相关标准适用说明

本书按照标准适用范围对各行业 VOCs 有组织和无组织排放适用标准进行了梳理，截止时间为 2021 年 3 月，后续如有标准更新，请按照标准适用范围执行。

截至 2021 年 3 月，涉及 VOCs 的标准共 20 项，其中综合标准 3 项，行业标准 17 项。其中，《石油炼制工业污染物排放标准》（GB 31570—2015）、《石油化学工业污染物排放标准》（GB 31571—2015）、《合成树脂工业污染物排放标准》（GB 31572—2015）、《制药工业大气污染物排放标准》（GB 37823—2019）、《涂料、油墨及胶粘剂工业大气污 染物排放标准》（GB 37824—2019）、《储油库大气污染物排放标准》（GB 20950—2020）、《油品运输大气污染物排放标准》（GB 20951—2020）、《加油站大气污染物排放标准》（GB 20952—2020）、《铸造工业大气污染物排放标准》（GB 39726—2020）、《农药制造工业大气污染物排放标准》（GB 39727—2020）、《陆上石油天然气开采工业大气污染物排放标准》（GB 39728—2020）等标准，已对 VOCs 无组织排放源项（储罐、泄漏等）进行了规定，这些行业的无组织排放控制按行业排放标准规定执行，不执行《挥发性有机物无组织排放控制标准》（GB 37822—2019）的通用要求。

涉及 VOCs 排放控制的橡胶制品、合成革与人造革、炼焦化学等其他行业污染物排放标准，其 VOCs 有组织排放控制按相应排放标准规定执行，因行业排放标准中未规定无组织排放控制措施要求，无组织排放控制应执行《挥发性有机物无组织排放控制标准》（GB 37822—2019）的规定。

没有行业排放标准的涉 VOCs 行业，有组织排放控制执行《大气污染物综合排放标准》（GB 16297—1996）的规定，无组织排放控制执行《挥发性有机物无组织排放控制标准》(GB 37822—2019)的规定。

有更严格地方排放标准要求的，应执行地方标准的规定。

具体标准和是否同《挥发性有机物无组织排放控制标准》(GB 37822—2019)交叉执行，见下表。

序号	类别	标准名称	是否执行 GB 37822—2019
1	综合排放标准	恶臭污染物排放标准（GB 14554—1993）	—
2		大气污染物综合排放标准（GB 16297—1996）	—
3		挥发性有机物无组织排放控制标准（GB 37822—2019）	—
4	行业排放标准	合成革与人造革工业污染物排放标准（GB 21902—2008）	是
5		橡胶制品工业污染物排放标准（GB 27632—2011）	是
6		炼焦化学工业污染物排放标准（GB 16171—2012）	是
7		轧钢工业大气污染物排放标准（GB 28665—2012）	是
8		电池工业污染物排放标准（GB 30484—2013）	是
9		石油炼制工业污染物排放标准（GB 31570—2015）	否
10		石油化学工业污染物排放标准（GB 31571—2015）	否
11		合成树脂工业污染物排放标准（GB 31572—2015）	否
12		烧碱、聚氯乙烯工业污染物排放标准（GB 15581—2016）	是
13		制药工业大气污染物排放标准（GB 37823—2019）	否
14		涂料、油墨及胶粘剂工业大气污染物排放标准（GB 37824—2019）	否
15		储油库大气污染物排放标准（GB 20950—2020）	否
16		油品运输大气污染物排放标准（GB 20951—2020）	否
17		加油站大气污染物排放标准（GB 20952—2020）	否
18		铸造工业大气污染物排放标准（GB 39726—2020）	否
19		农药制造工业大气污染物排放标准（GB 39727—2020）	否
20		陆上石油天然气开采工业大气污染物排放标准（GB 39728—2020）	否

其中，有机聚合物（合成树脂、合成纤维、合成橡胶）的生产、制品制造、废材料再生等工艺过程，涉及的标准多，容易混淆。因此本书在编写时特对涉及的标准进行了梳理，现列举如下。

行业	子类	有机聚合物生产	制品制造	废材料再生
合成树脂行业	聚氯乙烯 PVC	有组织 GB 15581 无组织 GB 37822	有组织 GB 16297 无组织 GB 37822	有组织 GB 16297 无组织 GB 37822
	其他合成树脂	有组织 GB 31572 无组织 GB 31572	有组织 GB 31572 无组织 GB 31572	有组织 GB 31572 无组织 GB 31572
合成橡胶行业		有组织 GB 31571 无组织 GB 31571	有组织 GB 27632 无组织 GB 37822	有组织 GB 16297 无组织 GB 37822
合成纤维行业		有组织 GB 31571 无组织 GB 31571	有组织 GB 16297 无组织 GB 37822	有组织 GB 16297 无组织 GB 37822